北京科普统计

（2016 年版）

北京市科学技术委员会　编

科学技术文献出版社
SCIENTIFIC AND TECHNICAL DOCUMENTATION PRESS
·北京·

图书在版编目（CIP）数据

北京科普统计. 2016年版 / 北京市科学技术委员会编. —北京：科学技术文献出版社，2017.9
ISBN 978-7-5189-3436-2

Ⅰ.①北… Ⅱ.①北… Ⅲ.①科普工作—统计资料—北京—2016 Ⅳ.① N4–66

中国版本图书馆 CIP 数据核字（2017）第 249825 号

北京科普统计（2016年版）

策划编辑：李 蕊　责任编辑：杨瑞萍　责任校对：张吲哚　责任出版：张志平

出　版　者　科学技术文献出版社
地　　　址　北京市复兴路15号　邮编 100038
编　务　部　(010) 58882938，58882087（传真）
发　行　部　(010) 58882868，58882874（传真）
邮　购　部　(010) 58882873
官 方 网 址　www.stdp.com.cn
发　行　者　科学技术文献出版社发行　全国各地新华书店经销
印　刷　者　北京时尚印佳彩色印刷有限公司
版　　　次　2017 年 9 月第 1 版　2017 年 9 月第 1 次印刷
开　　　本　787×1092　1/16
字　　　数　314千
印　　　张　16.75
书　　　号　ISBN 978-7-5189-3436-2
定　　　价　86.00元

前　言

　　《北京科普统计（2016 年版）》一书，是根据《科技部关于实施 2015 年度全国科普统计调查工作的通知》（国科发政〔2016〕89 号）精神，对北京地区科普统计数据的全面解析。全书共分 8 个部分：综述、科普人员、科普场地、科普经费、科普传媒、科普活动、创新创业中的科普及附录。在本书的附录部分，收录了《2015 年度北京地区全国科普统计工作方案》及 2008 年到 2015 年的分类统计数据。

　　北京地区全国科普统计由北京市科学技术委员会牵头组织，北京市科技传播中心和北京科学学研究中心具体实施，北京市属相关部门负责本系统及直属机构的科普统计，区科委或科协组织协调开展本地区（包括北京市科普基地）的科普统计，在京中央单位的统计工作由科技部组织。北京市科学技术委员会科技宣传与软科学处主管科普工作的同志负责全书的统稿工作。

　　科普统计数据是反映北京地区科普工作状况的重要指标数据。从 2004 年的试统计开始，全国科普统计处于不断完善的过程中。为了更加真实、有效地反映北京地区科普事业的发展状况，科普统计方案、统计范围和统计指标处于适度的调整、变动的过程之中。统计范围的变化，会造成数据分析中有关变化率的计算并不是基于相同的统计口径。一些指标数据的变化就受到此方面因素的影响，因此，在解读、引用此类数据时，须注意相关信息。

目　　录

综　述

北京地区 2015 年度科普统计工作，根据《科技部关于实施 2015 年度全国科普统计调查工作的通知》（国科发政〔2016〕89 号）精神开展。其统计指标及统计口径依据国家统计局批准的科普统计调查表（国统制〔2012〕11 号）开展统计工作。本次统计工作由北京市科学技术委员会组织，统计范围为北京地区的中央国务院部门，市属委、办、局、人民团体和 16 个区，共回收有效调查表 1575 份。

2015 年度北京地区科普统计数据显示，科普经费筹集额继续位居全国前列，科普人员增减平稳，科技场馆建设稳步增长，科普传播形式多样，以科技活动周为代表的群众性科普活动产生了广泛的社会影响。首都科普事业继续保持平稳、健康的良好发展态势。

1. 北京地区科普人员数量平稳

如表综 -1 所示，2011—2015 年，北京地区科普人员基本维持在 4.5 万人左右。其中，科普专职人员维持在 7000 人左右，科普兼职人员 4 万人左右。中央在京科普人员维持在 9000 人左右，市属科普人员维持在 8000 人左右，区属科普人员 2.5 万人左右。

表综 -1　2011—2015 年北京地区科普人员增减对比　　　　　单位: 人

	2011 年		2012 年		2013 年		2014 年		2015 年	
	专职	兼职	专职	兼职	专职	兼职	专职	兼职	专职	兼职
中央在京	2472	6636	2617	9467	2925	9728	2157	5884	2352	7475
市属	1402	5741	1229	2961	1712	5718	1487	6123	1554	11 324
区属	2273	19 819	2882	23 744	3232	25 610	3418	22 670	3418	22 140
小计	6147	32 196	6728	36 172	7869	41 056	7062	34 677	7324	40 939
合计	38 343		42 900		48 925		41 739		48 263	

2015 年，北京地区拥有科普人员 48 263 人，占全国科普人员总数 2 053 820 人的 2.35%，北京地区每万人口拥有科普人员 22.24 人，是全国的 1.49 倍。其中，科普专职人员 7324 人，占 15.18%，北京地区每万人口拥有科普专职人员 3.37 人；科普兼职人员 40 939 人，占 84.82%，北京地区每万人口拥有科普兼职人员 18.86 人。

2015 年，在 7324 个科普专职人员中，具有中级职称以上或大学本科以上学历人员 5070 人，占科普专职人员的 69.22%，比全国高 10 余个百分点[①]；在科普专职人员中，女性科普人员 3593 人，占科普专职人员总数的 49.06%。另外，在科普专职人员中，农村科普人员 956 人、科普管理人员 1536 人、科普创作人员 1084 人和科普讲解人员 1174 人，分别占科普专职人员的 13.05%、20.97%、14.80% 和 16.03%。

2015 年，在 40 939 个科普兼职人员中，具有中级职称以上或大学本科以上学历人员 26 690 人，占科普兼职人员的 65.19%，比全国高近 17 个百分点[②]；科普兼职人员年度实际投入工作量为 46 936 个月，平均每个科普兼职人员年从事科普工作 1.15 个月，比全国科普兼职人员年投入的 0.97 个月多 0.18 个月；在科普兼职人员中，女性科普兼职人员 22 256 人，占科普兼职人员总数的 54.36%。另外，在科普兼职人员中，农村科普人员 4503 人、科普讲解员 11 261 人，分别占科普兼职人员的 11.00%、27.51%。

北京地区拥有注册科普志愿者 24 083 人，仅占全国注册科普志愿者总数 2 756 225 人的 0.87 %。

2. 科普场馆继续稳步增长

如表综 -2 所示，2011 年以来北京地区科普场馆逐年增加，截至 2015 年年底，共拥有科普场馆 116 个[③]，在这些场馆中，科技馆 31 个、科学技术博物馆 71 个和青少年科技馆（站）14 个。

表综 -2　2011—2015 年北京地区各类科普场馆对比　　　　　单位: 个

	2011 年	2012 年	2013 年	2014 年	2015 年
科技馆	19	21	22	31	31
科学技术博物馆	55	60	70	70	71
青少年科技馆（站）	17	14	16	11	14
合计	91	95	108	112	116

---

① 全国科普专职人员 221 511 人。其中，具有中级职称以上或大学本科以上学历人员 130 944 人，占科普专职人员的比例为 59.11%。

② 全国科普兼职人员 1 832 309 人。其中，具有中级职称以上或大学本科以上学历人员 884 802 人，占科普价值人员的比例为 48.29%。

③ 本次科普统计仅统计了 500 平方米及以上的科普场馆。

截至 2015 年年底，北京地区共有建筑面积在 500 平方米及以上的科技馆 31 个，比 2011 年增加了 12 个；科学技术博物馆 71 个，比 2011 年增加了 16 个；青少年科技馆（站）14 个，比 2011 年减少了 3 个。

2015 年北京地区科技馆、科学技术博物馆建筑面积 107.93 万平方米、展厅面积 48.36 万平方米，分别比 2014 年减少 1.84 万平方米、增加 0.76 万平方米；每万人口拥有科普场馆建筑面积 497.27 平方米、每万人口拥有科普场馆展厅面积 222.83 平方米，分别比 2014 年减少 12.95 平方米、增加 1.55 平方米。青少年科技馆（站）建筑面积 8.15 万平方米、展厅面积 1.16 万平方米。

2015 年科技馆、科学技术博物馆有 1663.19 万人次参观；科普场馆基建支出共计 1.42 亿元，比 2014 年的 2.57 亿元减少 1.15 亿元。青少年科技馆（站）参观人次为 11.51 万人次。

2015 年北京地区共有科普画廊 4258 个，比 2014 年增加 1027 个。城市社区科普（技）活动专用室 1112 个，比 2014 年增加 98 个。农村科普（技）活动场地 1832 个，比 2014 年减少 7 个。科普宣传专用车 62 辆，比 2014 年减少 20 辆。

3. 科普经费投入继续位居全国前列

据统计，2015 年北京地区全社会科普经费筹集额 21.26 亿元，比 2014 年减少了 0.48 亿元，仍居全国各省、直辖市前列。其中，政府拨款 16.30 亿元，占全部科普经费筹集额的 76.67%，分别比 2014 年增加 1.32 亿元、7.76 个百分点（表综 -3）。科普专项经费 11.99 亿元，比 2014 年增加 2.09 亿元。人均科普专项经费由 2014 年的 46.01 元（2014 年北京常住人口 2151.6 万）增加到 55.24 元（2015 年北京常住人口 2170.5 万）。

按 2015 年剔除中央在京单位后的科普专项经费 4.76 亿元计算的人均科普专项经费为 21.93 元，仍居全国各省、直辖市前列。2015 年社会捐赠 0.13 亿元，比 2014 年减少 0.84 亿元。

表综 -3　2012—2015 年北京地区全社会科普经费筹集额构成的变化　单位：万元

	2012 年				2013 年			
	政府拨款	社会捐赠	自筹资金	其他收入	政府拨款	社会捐赠	自筹资金	其他收入
中央在京	51 204.83	1458.25	53 132.67	7147.34	69 189.77	2291.68	29 241.76	2211.27
市属	38 159.54	121.60	11 175.12	3994.41	45 407.26	2.00	15 081.86	1462.34
区属	42 705.69	65.90	11 355.63	881.18	39 612.83	318.50	6914.86	1004.10
小计	132 070.06	1645.75	75 663.42	12 022.93	154 209.86	2612.18	51 238.48	4677.71
合计	221 402.16				212 738.23			

续表

	2014 年				2015 年			
	政府拨款	社会捐赠	自筹资金	其他收入	政府拨款	社会捐赠	自筹资金	其他收入
中央在京	70 403.36	9601.50	27 863.94	1706.28	81 805.75	1073.00	14 233.83	8657.80
市属	45 605.57	0.00	12 942.65	4576.63	10 393.59	110.00	4204.36	429.00
区属	33 789.59	117.00	8968.64	1805.92	70 829.97	114.00	15 439.84	5346.96
小计	149 798.52	9718.50	49 775.23	8088.83	163 029.31	1297.00	33 878.03	14 433.76
合计	217 381.08				212 638.10			

2015 年北京地区市、区两级单位科普经费筹集额 10.69 亿元，占全国科普经费筹集额 141.20 亿元的 7.57%，是全国各省、直辖市科普经费筹集额均值 4.55 亿元的 2.35 倍。

2015 年北京地区科普经费使用额共计 20.16 亿元，比 2014 年的 20.57 亿元减少了 0.41 亿元，占全国科普经费使用额 146.51 亿元的 13.76%。北京地区科普经费使用额中，行政支出 2.70 亿元、科普活动支出 12.63 亿元、科普场馆基建支出 1.42 亿元、其他支出 3.06 亿元。从科普经费的使用情况可以看出，2015 年北京地区科普经费使用额中的大部分用于举办各种科普活动，占支出总额的 62.65%，高于 2014 年的 54.89% 约 8 个百分点。

北京市、区两级科普经费使用额为 9.58 亿元，占全国科普经费使用额 146.51 亿元的 6.54%。其中，行政支出 0.78 亿元、科普活动支出经费 5.70 亿元、科普场馆基建支出 1.36 亿元、其他支出 1.74 亿元。

4. 大众传媒科普宣传力度稳步增长

2015 年北京地区出版科普图书 4595 种，比 2014 年增加 990 种，占全国出版科普图书种数 16 600 种的 27.68%。年出版总册数 7334.46 万册，占全国年出版科普图书总量 13 357.78 万册的 54.91%。出版科普期刊 123 种，年出版总册数 1924.50 万册；出版科普（技）音像制品 253 种，光盘发行总量 122.42 万张；年发行科技类报纸 12 054.88 万份；电台、电视台播出科普（技）节目时间 3.51 万小时；科普网站 343 个；共发放科普读物和资料 7873.09 万份（表综 –4，表综 –5）。

表综 -4　2014—2015 年北京地区出版科普图书、科普期刊变化情况

	2014 年				2015 年			
	科普图书		科普期刊		科普图书		科普期刊	
	种数 / 种	册数 / 万	种数 / 种	册数 / 万	种数 / 种	册数 / 万	种数 / 种	册数 / 万
中央在京	2450	1914	59	1164	3314	6388	86	1535
北京市	1155	882	9	215	1281	946	37	390
合计	3605	2796	68	1379	4595	7334	123	1925

表综 -5　2014—2015 年北京地区科普传媒变化情况

	2014 年				2015 年			
	科技类报纸年发行总份数 / 份	电视台播出科普（技）节目时间 / 小时	电台播出科普（技）节目时间 / 小时	科普网站个数 / 个	科技类报纸年发行总份数 / 份	电视台播出科普（技）节目时间 / 小时	电台播出科普（技）节目时间 / 小时	科普网站个数 / 个
中央在京	21 356 000	4405	8730	81	28 103 504	5685	11 573	128
市属	500 000	2500	426	37	89 298 891	10 659	3337	107
区属	0	1917	729	66	3 146 380	2496	1337	108
合计	21 856 000	8822	9885	184	120 548 775	18840	16 247	343

5. 科普活动开展继续位居全国前列

　　2015 年北京地区共举办科普（技）讲座 4.55 万次、吸引听众 570 万人次；举办科普（技）专题展览 5200 次、观展 4870 万人次；举办科普（技）竞赛 3400 次、有 8460 万人次参与竞赛；组织青少年科技兴趣小组 3153 个、参加人数 37.08 万人次；举办实用技术培训 1.43 万次，有 81.12 万人次接受培训。

　　2015 年科技活动周共投入经费 4156.28 万元，比 2014 年增加 1518.61 万元。其中，政府拨款 3813.50 万元。科技周期间，举办科普专题活动 117 506 次，吸引 15 753.36 万人次参与。大学、科研机构向社会开放 523 个，有 49.19 万人次参观；举办 1000 人以上的重大科普活动 983 次。

6. 创新创业与科技广泛结合

　　2015 年度科普统计中,首次对"双创"中开展的培训、宣传等相关科普活动进行了统计。2015 年,北京地区开展创新创业培训 1523 次,共有 9.45 万人次参加了培训;举办科技类项目投资路演和宣传推介活动 461 次,7.59 万人参加了路演和宣传推介活动;举办科技类创新创业赛事 210 次,共有 5.49 万人参加了赛事。

1　科普人员

科普人员是科普活动的组织者、科学技术的传播者，是中国人才队伍的重要组成部分。按从事科普工作时间占全部工作时间的比例及职业性质，可将科普人员分为科普专职人员和科普兼职人员。

科普专职人员是指从事科普工作时间占其全部工作时间60%及以上的人员，包括各级国家机关和社会团体的科普管理工作者，科研院所和大中专院校中从事专业科普研究和创作的人员，科普类图书、期刊、报刊科普（技）专栏版的编辑，电台、电视台科普频道、栏目的编导和科普网站信息加工人员等。

科普兼职人员是科普专职人员队伍的重要补充，他们在非职业范围内从事科普工作，主要包括进行科普（技）讲座等科普活动的科技人员、中小学兼职科技辅导员、参与科普活动的志愿者和科技馆（站）的志愿者等。

1.1　科普人员概况

据统计，2015年北京地区共有科普专兼职人员48 263人，比2014年的41 739人增加6524人；全市每万常住人口① 拥有科普人员22.24人，比2014年增加2.84人。其中，科普专职人员7324人，比北京2014年的7062人增加262人，占科普人员总数的15.18%，比2014年的16.92%降低1.74%；科普兼职人员40 939人，比2014年的34 677人增加6262人，占科普人员总数的84.82%；2015年科普兼职人员投入工作量46 936个月，平均每个科普兼职人员年投入1.15个月。

1.1.1　科普人员类别

2015年北京地区共有中级职称以上或大学本科以上学历的科普专兼职人员31 760人，占科普人员总数48 263人的65.81%，略高于2014年的比例。其中，中级职称以上或大学本科以上学历的科普专职人员5070人，占科普专职人员总数7324人的69.22%，比2014年的69.60%减少了0.38个百分点；中级职称以上或大学本科以上学历的科普兼职

① 根据北京统计局数据，2015年年底本市常住人口2170.5万人。

人员 26 690 人，占科普兼职人员总数 40 939 人的 65.19%，比 2014 年的 61.87% 增加 3.32 个百分点。

2015 年北京地区共有 25 849 名女性科普人员，占科普人员总数 48 263 人的 53.56%。其中，女性科普专职人员 3593 人，占科普专职人员总数 7324 人的 49.06%；女性科普兼职人员 22 256 人，占科普兼职人员总数 40 939 人的 54.36%。

2015 年北京地区拥有农村专职科普人员 956 人，占科普专职人员总数的 13.05%，比 2014 年的 14.08% 减少了 1.03 百分点；科普创作人员 1084 人，占科普专职人员总数的 14.80%，比 2014 年的 16.03% 降低 1.23 个百分点；科普管理人员 1536 人，占科普专职人员总数的 20.97%，比 2014 年的 22.37% 降低 1.40 个百分点；其他科普工作人员 2574 人，占科普专职人员总数的 35.15%，比 2014 年的 31.46% 增加了 3.69 个百分点（图 1–1）。

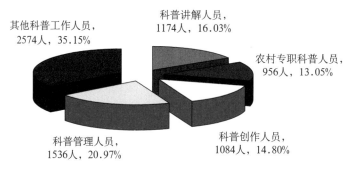

图 1–1　2015 年北京地区科普专职人员构成

2015 年北京地区拥有农村专兼职科普人员 5459 人，占科普专兼职人员总数的 11.31%，比 2014 年的 11.51% 减少 0.2 个百分点。

每万农村人口[①] 拥有科普人员数为 18.65 人，与城镇地区的每万人口拥有科普人员 22.80 人数相比少 4.15 人。

1.1.2　科普人员分级构成

按照中央在京、市属、区属的科普人员分布来看，本市共有科普专兼职人员 48 263 人。其中，中央在京单位有 9827 人，占 20.36%；市属单位有 12 878 人，占 26.68%；区属单位有 25 558 人，占 52.96%（图 1–2）。

---

① 根据北京统计局数据，2015 年年底本市农村人口 292.8 万人，城镇人口 1877.7 万人。

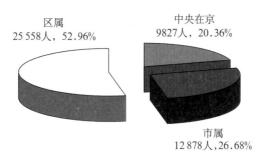

图 1-2 2015 年北京地区三级科普人员比例

从科普专职人员占同级科普人员比例来看（表 1-1），2015 年中央在京单位比例最高，市属单位比例最低。从科普人员的职称及学历看，区属单位科普人员中具有中级职称以上或大学本科以上学历的人员比例较低，略高于 50%。其中，中央在京单位 85.02% 的科普人员具有中级职称以上或大学本科以上学历，市属单位 75.10% 的科普人员具有中级职称以上或大学本科以上学历，区属单位仅有 53.73% 的科普人员具有中级职称以上或大学本科以上学历。2015 年市属单位的女性科普人员比例最高，达到 55.88%。区属单位农村科普人员比例最高，达到 15.99%。

表 1-1 2015 年北京地区科普人员构成情况

层级	科普专职人员占同级科普人员比例	中级职称以上或大学本科以上学历的人员占同级科普人员比例	女性科普人员占同级科普人员比例	农村科普人员占同级科普人员比例
中央在京	23.93%	85.02%	48.24%	2.37%
市属	12.07%	75.10%	55.88%	8.84%
区属	13.37%	53.73%	54.43%	15.99%

1.1.3 科普人员区域分布

2015 年首都功能核心区（东城区、西城区），城市功能拓展区（朝阳区、丰台区、石景山区、海淀区），城市发展新区（房山区、通州区、顺义区、昌平区、大兴区）和生态涵养发展区（门头沟区、平谷区、怀柔区、密云区、延庆区）的科普人员数分别为 10 565 人、18 516 人、13 015 人、6167 人，每万人拥有科普人员分别为 43.55 人、30.92 人、38.39 人、37.44 人（表 1-2）。

表1-2   2015年北京地区科普人员区域分布

	首都功能核心区	城市功能拓展区	城市发展新区	生态涵养发展区
科普人员 / 人	10 565	18 516	13 015	6167
区域人口 / 万人	242.6	598.8	339.0	164.7
每万人拥有科普人员 / 人	43.55	30.92	38.39	37.44
每万人拥有科普专职人员 / 人	5.13	5.71	4.18	7.54

图1-3反映了北京地区科普人员在首都功能核心区、城市功能拓展区、城市发展新区、生态涵养发展区的分布情况。首都功能核心区和城市发展新区科普人员总数所占比例高于人口所占比例，首都功能核心区人口占北京地区的18.04%，科普人员总数占北京地区的21.89%；城市发展新区人口占北京地区的25.20%，科普人员总数占北京地区的28.66%；城市功能拓展和生态涵养发展区科普人员总数所占比例略低于人口所占比例，城市功能拓展区人口占北京地区的44.52%，科普人员总数占北京地区的38.36%；生态涵养发展区人口占北京地区的12.24%，科普人员总数占北京地区的11.08%。

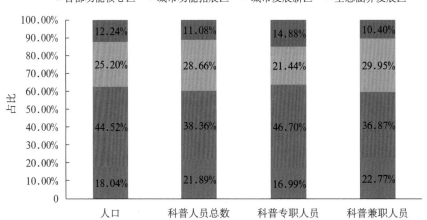

图1-3   2015年北京地区4个功能区人口及科普人员占北京地区的比例

从各个地区的科普人员的专兼职情况来看（图1-4），科普兼职人员基本上占科普人员总数的80%以上，城市发展新区达89.1%。

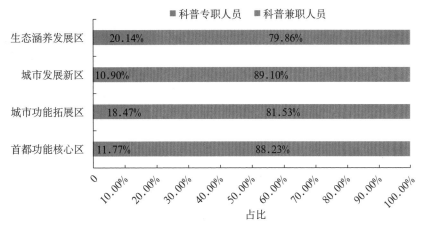

图 1-4　2015 年北京地区 4 个功能区各区域科普人员构成

科普人员中，专职科普人员中中级职称以上或大学本科以上学历人员比例从高到低依次是首都功能核心区、城市功能拓展区、城市发展新区、生态涵养发展区，兼职科普人员中中级职称以上或大学本科以上学历人员比例从高到低依次是首都功能核心区、城市功能拓展区、生态涵养发展区、城市发展新区（图 1-5）。

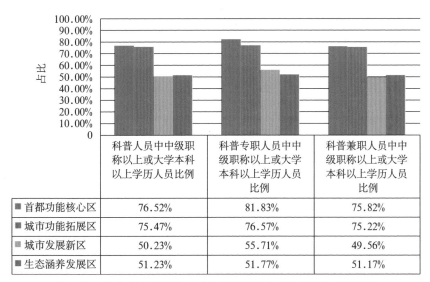

	科普人员中中级职称以上或大学本科以上学历人员比例	科普专职人员中中级职称以上或大学本科以上学历人员比例	科普兼职人员中中级职称以上或大学本科以上学历人员比例
首都功能核心区	76.52%	81.83%	75.82%
城市功能拓展区	75.47%	76.57%	75.22%
城市发展新区	50.23%	55.71%	49.56%
生态涵养发展区	51.23%	51.77%	51.17%

图 1-5　2015 年北京地区 4 个功能区科普人员的职称及学历比例

首都功能核心区和城市功能拓展区科普专兼职人员中，中级职称以上或大学本科以上学历人员的比例分别高达 76.52% 与 75.47%。城市发展新区科普专职人员中，中级职称以上或大学本科以上学历人员的比例达 55.71%。

2015 年首都功能核心区、城市功能拓展区、城市发展新区、生态涵养发展区的农村科普人员总数分别为 71 人、1665 人、1854 人、1869 人。从科普人员中农村科普人员的比例来看，生态涵养发展区农村科普人员比例最高，达到 30.31%；首都功能核心区、城市功能拓展区、城市发展新区这一比例为 0.67%、8.99% 和 14.25%。此外，城市发展新区和生态涵养发展区农村科普专职人员分别占科普专职人员的 15.23% 和 51.37%；首都功能核心区和城市功能拓展区这一比例仅为 1.21% 和 2.54%。

各区域科普人员中女性科普人员所占比例略有差异，2015 年首都功能核心区、城市功能拓展区、城市发展新区、生态涵养发展区的女性所占比例分别为 55.33%、55.75%、51.66% 和 47.96%。

从科普创作人员数量看（图 1-6），北京地区 4 个功能区科普创作人员占本地区科普专职人员的比例差异明显。首都功能核心区、城市功能拓展区的科普创作人员占该区域科普专职人员比例分别为 17.12% 和 19.91%；而城市发展新区、生态涵养发展区的科普创作人员占该区域的科普专职人员的比例较低，分别为 9.17% 和 4.83%。

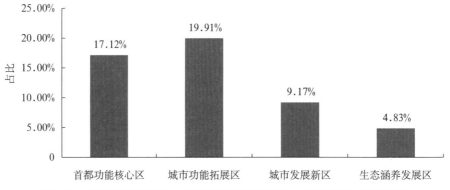

图 1-6 2015 年北京地区 4 个功能区科普创作人员占科普专职人员的比例

从科普创作人员数量看（图 1-7），首都功能核心区、城市功能拓展区、城市发展新区、生态涵养发展区科普创作人员占北京地区的比例分别为 19.65%、62.82%、11.99% 和 5.54%，首都功能核心区和城市功能拓展区的科普创作人员占北京地区总量的 82.47%。

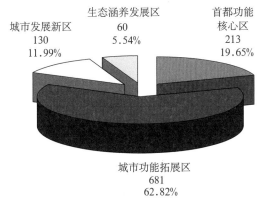

图1-7　2015年北京地区4个功能区科普创作人员占北京地区的比例

1.2　各区科普人员分布

统计结果显示，2015年北京地区16个区科普人力资源持续投入，科普人员队伍保持稳定。由于各区社会经济发展状况不同及科普机构、科研院所、高校分布的状况不同，科普人力资源投入也表现出一定的地域性差异。

1.2.1　北京地区16个区科普人员分布（含中央在京单位科普人员）

1.2.1.1　各区科普人员规模

2015年16个区平均拥有科普专兼职人员3016.44人，比2014年的2608.69人增加了407.75人。科普人员规模超过平均水平的共6个区，包括朝阳区、西城区、海淀区、东城区、顺义区和大兴区（图1-8）。这6个区的科普人员数占北京地区科普人员总数的68.88%。2015年本市16个区的平均科普专职人员数为457.75人，比2014年的441.38人增加了16.37人。共有5个区超过了北京地区平均水平，分别为朝阳区、海淀区、西城区、平谷区和大兴区。而且，这5个区的科普专职人员数占北京地区科普专职人员总数的68.43%。

从科普兼职人员数来看，2015年各区平均拥有2558.69人科普兼职人员，比2014年的2167.31人增加了391.38人。朝阳区、西城区、海淀区、顺义区、东城区、大兴区和昌平区7个区的科普兼职人员数量高于全市平均水平。其中，海淀区的科普兼职人员规模达到了6980人。

从科普专职人员占科普人员总数的比例来看（图1-9），丰台区、海淀区、门头沟区、通州区、大兴区、平谷区6个区科普专职人员占科普人员总数的平均比例均超过15.18%

的全市平均值,平谷区达到 53.18%。

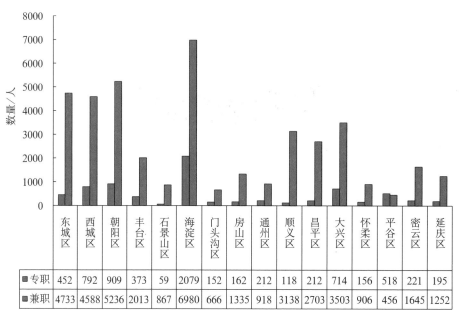

	东城区	西城区	朝阳区	丰台区	石景山区	海淀区	门头沟区	房山区	通州区	顺义区	昌平区	大兴区	怀柔区	平谷区	密云区	延庆区
■专职	452	792	909	373	59	2079	152	162	212	118	212	714	156	518	221	195
■兼职	4733	4588	5236	2013	867	6980	666	1335	918	3138	2703	3503	906	456	1645	1252

图 1-8　2015 年北京地区各区科普人员数

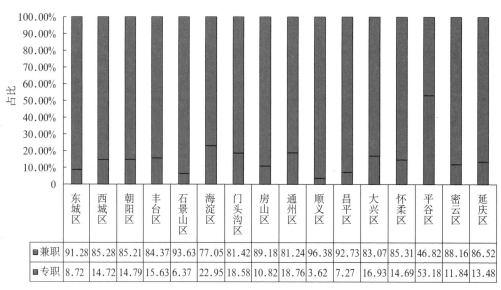

	东城区	西城区	朝阳区	丰台区	石景山区	海淀区	门头沟区	房山区	通州区	顺义区	昌平区	大兴区	怀柔区	平谷区	密云区	延庆区
■兼职	91.28	85.28	85.21	84.37	93.63	77.05	81.42	89.18	81.24	96.38	92.73	83.07	85.31	46.82	88.16	86.52
■专职	8.72	14.72	14.79	15.63	6.37	22.95	18.58	10.82	18.76	3.62	7.27	16.93	14.69	53.18	11.84	13.48

图 1-9　2015 年北京地区各区科普人员构成

2015 年北京地区每万人口拥有科普人员 35.88 人,有 9 个区超过平均水平。其中,首都功能核心区 2 个,为东城区和西城区;城市功能拓展区 1 个,为海淀区;城市发展新区 3 个，为顺义区、昌平区和大兴区；生态涵养发展区 3 个，为怀柔区、密云区和延庆区。东城区每万人口科普人员数位居首位，达到 53.24 人。

1.2.1.2 各区科普人员构成

（1）科普人员职称及学历。2015 年中级职称以上或大学本科以上学历科普人员数量排列前五的区依次是海淀区 6752 人、朝阳区 4819 人、东城区 4113 人、西城区 3972 人和昌平区 1831 人（图 1-10）。位居北京地区前五位的区中，中级职称以上或大学本科以上学历科普专兼职人员占全市 31 760 人的 67.65%。

图 1-11 显示，北京地区科普人员中中级职称以上或大学本科以上学历人员比例，专职人员为 69.22%，高于兼职人员 65.19% 的 4.03 个百分点，各区情况大致相同，但不均衡。在大多数区中，科普专职人员中中级职称以上或大学本科以上学历人员比例要高于科普兼职人员的这一比例。其中，丰台区、石景山区、通州区、怀柔区、密云区 5 个区科普兼职人员超过科普专职人员，怀柔区超过 30 个百分点。科普专职人员中中级职称以上或大学本科以上学历人员比例超过 60% 的有 10 个区，东城区、石景山区超过 80%，怀柔区最低，为 22.44%。科普兼职人员中中级职称以上或大学本科以上学历人员比例超过 60% 的有 8 个区，石景山区超过 80%，大兴区最低，为 38.28%。

（2）女性科普人员。各区平均拥有 1615.6 名女性科普人员，女性科普人员高于男性科普人员，平均占科普人员总数的 53.56%。东城区、丰台区、石景山区、海淀区、门头沟区、通州区、昌平区和大兴区等区的女性科普人员占科普人员的比例较大，均超过了平均数。石景山区女性科普人员占本区科普人员总数的 65.26%，居本市前列。

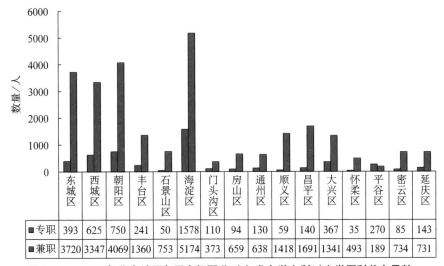

	东城区	西城区	朝阳区	丰台区	石景山区	海淀区	门头沟区	房山区	通州区	顺义区	昌平区	大兴区	怀柔区	平谷区	密云区	延庆区
专职	393	625	750	241	50	1578	110	94	130	59	140	367	35	270	85	143
兼职	3720	3347	4069	1360	753	5174	373	659	638	1418	1691	1341	493	189	734	731

图 1-10　2015 年北京地区各区中级职称以上或大学本科以上学历科普人员数

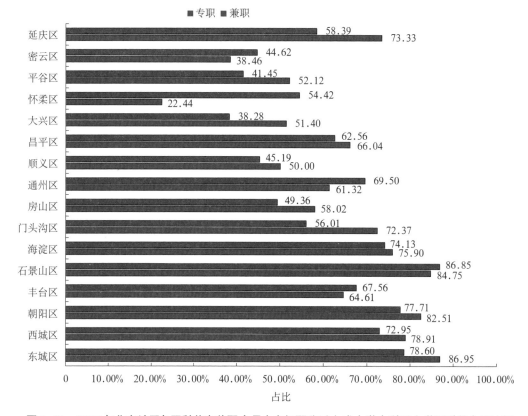

图 1-11　2015 年北京地区各区科普专兼职人员中中级职称以上或大学本科以上学历科普人员比例

（3）农村科普人员。各区农村专兼职科普人员的规模如图 1-12 所示。2015 朝阳区投入 1279 名各类农村科普人员，居北京市首位。东城区和石景山区农村科普人员投入较少，东城区仅有 8 名农村专兼职科普人员，石景山区农村科普人员为 0。

图 1-13 是各区科普人员中农村科普人员所占的比例情况。从中可以看出，城市发展新区、生态涵养发展区的农村科普人员所占比例较高。2015 年农村科普人员比例超过 20% 以上的区有朝阳区、门头沟区、房山区、通州区、怀柔区和平谷区 6 个区，平谷区高达 71.87%。

（4）科普管理人员。2015 年各区平均科普人员为 96 人。图 1-14 所示为各区科普管理人员的数量。相对于其他区，海淀区、朝阳区、西城区的科普管理人员规模较大。从科普人员中管理人员的比例来看，除个别区外，多数区的科普管理人员与科普人员之比为 1：25 到 1：40。

（5）科普创作人员。2015 年北京地区各区共有专职科普创作人员 1084 人。主要集中在东城区、西城区、朝阳区和海淀区（图 1-15）。

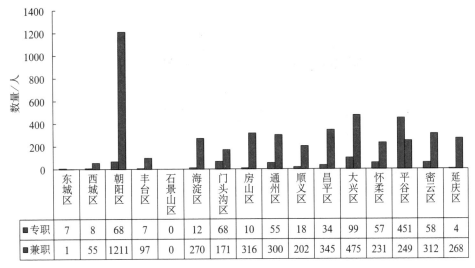

	东城区	西城区	朝阳区	丰台区	石景山区	海淀区	门头沟区	房山区	通州区	顺义区	昌平区	大兴区	怀柔区	平谷区	密云区	延庆区
专职	7	8	68	7	0	12	68	10	55	18	34	99	57	451	58	4
兼职	1	55	1211	97	0	270	171	316	300	202	345	475	231	249	312	268

图 1-12　2015 年北京地区各区农村科普人员

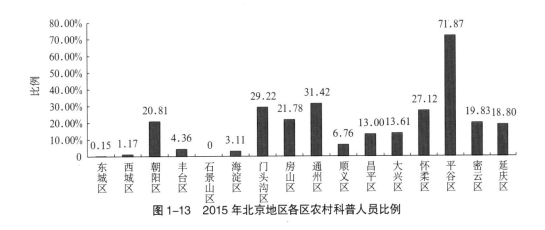

图 1-13　2015 年北京地区各区农村科普人员比例

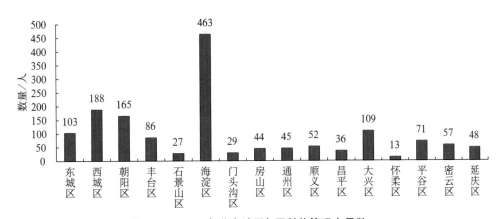

图 1-14　2015 年北京地区各区科普管理人员数

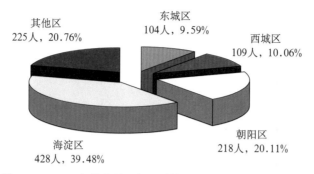

图1-15　2015年北京地区各区科普创作人员数占北京地区的比例

（6）注册科普志愿者。北京地区各区的注册科普志愿者规模存在明显差异（图1-16）。海淀区注册科普志愿者人员最多，达到8675名，占北京注册科普志愿者总数的36.02%；西城区以6417名注册科普志愿者位居其次，占北京注册科普志愿者总数的26.65%；朝阳区以3193名注册科普志愿者位居第3，占北京注册科普志愿者总数的13.26%。

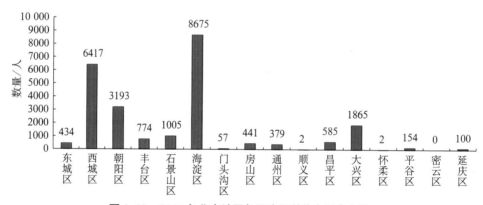

图1-16　2015年北京地区各区注册科普志愿者人数

1.2.2　北京市16个区科普人员分布（不含中央在京单位科普人员）

1.2.2.1　各区科普人员规模

　　2015年北京市16个区平均投入科普专兼职人员2402.30人，占北京地区各区平均科普人员数3016.4人的79.64%。其中，科普人员超过北京市平均水平的地区依次是朝阳区、东城区、大兴区、西城区、海淀区、顺义区和昌平区7个区（图1-17），这7个区的科普人员总数26 703人占北京市科普人员总数38 436人的69.47%。

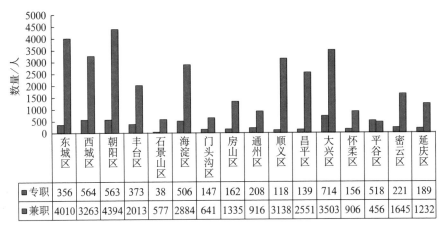

图1-17　2015年北京市各区科普人员数

	东城区	西城区	朝阳区	丰台区	石景山区	海淀区	门头沟区	房山区	通州区	顺义区	昌平区	大兴区	怀柔区	平谷区	密云区	延庆区
■专职	356	564	563	373	38	506	147	162	208	118	139	714	156	518	221	189
■兼职	4010	3263	4394	2013	577	2884	641	1335	916	3138	2551	3503	906	456	1645	1232

2015年北京市16个区的平均科普专职人员数为310.75人,占北京地区各区平均科普专职人员数457.75人的67.89%。其中,共有7个区科普人员总数超过了北京市平均水平,分别为朝阳区、平谷区、大兴区、东城区、西城区、海淀区和丰台区。而且,这7个区的科普专职人员总数3594人占北京市科普专职人员总数4972人的72.29%。

从科普兼职人员数来看,2015年各区平均拥有2091.5名科普兼职人员,朝阳区、西城区、顺义区、昌平区、大兴区、东城区、大兴区和海淀区8个区的科普兼职人员总数高于北京市水平。其中,朝阳区的科普兼职人员规模达到了4394人。

从科普专职人员占全部科普人员的比例来看(图1-18),丰台区、海淀区、西城区、门头沟区、大兴区、怀柔区、平谷区、通州区和延庆区科普专职人员占该地区全部科普人员的平均比例均超过12.94%的北京市平均值,平谷区达到53.18%。

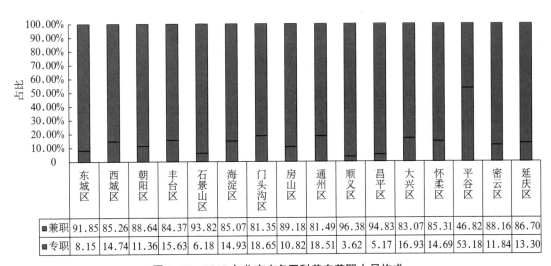

	东城区	西城区	朝阳区	丰台区	石景山区	海淀区	门头沟区	房山区	通州区	顺义区	昌平区	大兴区	怀柔区	平谷区	密云区	延庆区
■兼职	91.85	85.26	88.64	84.37	93.82	85.07	81.35	89.18	81.49	96.38	94.83	83.07	85.31	46.82	88.16	86.70
■专职	8.15	14.74	11.36	15.63	6.18	14.93	18.65	10.82	18.51	3.62	5.17	16.93	14.69	53.18	11.84	13.30

图1-18　2015年北京市各区科普专兼职人员构成

从图1–19可以看出不含中央在京单位各区每万人拥有科普人员情况。2015年北京市平均每万人口拥有科普人员28.57人，有8个区超过平均水平。其中，首都功能核心区1个；城市发展新区3个，为顺义区、昌平区和大兴区；生态涵养发展区4个，为门头沟区、怀柔区、密云区和延庆区。大兴区每万人口科普人员数位居首位，达到63.50人。

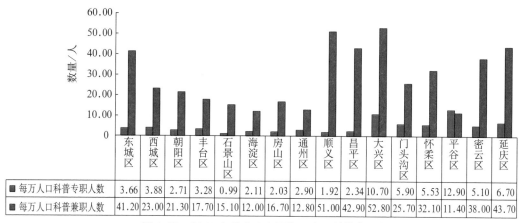

	东城区	西城区	朝阳区	丰台区	石景山区	海淀区	房山区	通州区	顺义区	昌平区	大兴区	门头沟区	怀柔区	平谷区	密云区	延庆区
每万人口科普专职人数	3.66	3.88	2.71	3.28	0.99	2.11	2.03	2.90	1.92	2.34	10.70	5.90	5.53	12.90	5.10	6.70
每万人口科普兼职人数	41.20	23.00	21.30	17.70	15.10	12.00	16.70	12.80	51.00	42.90	52.80	25.70	32.10	11.40	38.00	43.70

图1–19 2015年北京市各区每万人口科普人员数

1.2.2.2 各区科普人员构成

（1）科普人员职称及学历。2015年中级职称以上或大学本科以上学历科普人员数量排列前六的区依次是朝阳区、东城区、西城区、海淀区、昌平区和大兴区（图1–20）。朝阳区、东城区分别拥有中级职称以上或大学本科以上学历科普专兼职人员3695人和3346人，居北京地区第1位和第2位，两区的中级职称以上或大学本科以上学历科普专兼职人员占全市的30.08%。

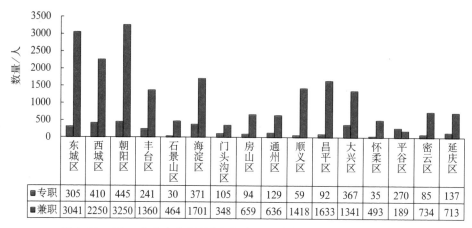

	东城区	西城区	朝阳区	丰台区	石景山区	海淀区	门头沟区	房山区	通州区	顺义区	昌平区	大兴区	怀柔区	平谷区	密云区	延庆区
专职	305	410	445	241	30	371	105	94	129	59	92	367	35	270	85	137
兼职	3041	2250	3250	1360	464	1701	348	659	636	1418	1633	1341	493	189	734	713

图1–20 2015年北京市各区中级职称以上或大学本科以上学历科普人员数

图 1-21 显示，北京市及各区科普人员中中级职称以上或大学本科以上学历人员比例，专职人员为 63.86% 高于兼职人员 60.45% 的 3.41 个百分点，与北京地区相比（图 1-12），各区科普专兼职人员中中级职称以上或大学本科以上学历人员比例大致相同，但更不均衡。在绝大多数区，科普专职人员中中级职称以上或大学本科以上学历人员比例要高于科普兼职人员的这一比例。其中，丰台区、石景山区、通州区、怀柔区、密云区 5 个区科普兼职人员超过科普专职人员，怀柔区超过 30 个百分点。由此可以看到，西城区、东城区、海淀区 3 个区由于受在京单位的影响，科普专兼职人员中中级职称以上或大学本科以上学历人员比例发生较大的变化。科普专职人员中中级职称以上或大学本科以上学历人员比例超过 60% 的有 10 个区，东城区超过 85%，怀柔最低，为 22.44%。科普兼职人员中中级职称以上或大学本科以上学历人员比例超过 50% 的有 12 个区，东城区、朝阳区、石景山区超过 70%，大兴区最低，为 38.28%。

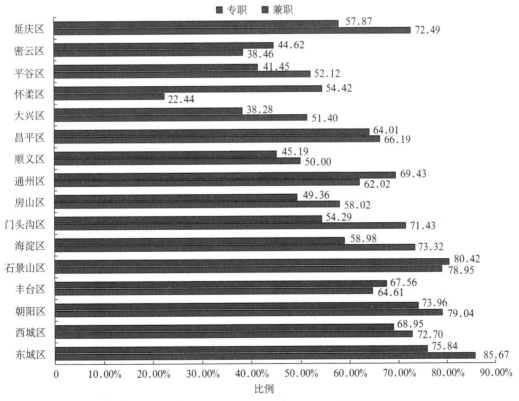

图 1-21　2015 年北京市各区科普专兼职人员中中级职称以上或大学本科以上学历科普人员比例

（2）女性科普人员。各区平均拥有 1319.25 名女性科普人员，女性科普人员高于男性科普人员，平均占科普人员总数的 54.92%。朝阳区、丰台区、海淀区、东城区、西城区、顺义区、昌平区和大兴区等区的女性科普人员占科普人员的比例较大，均超过了平均数。石景山区女性科普人员占本区科普人员总数的 68.13%，居本市前列。

（3）农村科普人员。各区农村科普专兼职人员的规模如图 1-22 所示，朝阳区、平谷区、大兴区 2015 年投入 500 多名各类农村科普人员，分别为 1276 名、700 名和 574 名，居北京市前列。农村科普人员规模零投入的是东城区和石景山区。

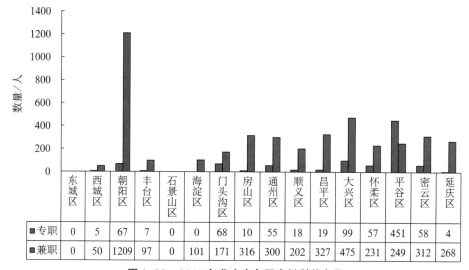

	东城区	西城区	朝阳区	丰台区	石景山区	海淀区	门头沟区	房山区	通州区	顺义区	昌平区	大兴区	怀柔区	平谷区	密云区	延庆区
专职	0	5	67	7	0	0	68	10	55	18	19	99	57	451	58	4
兼职	0	50	1209	97	0	101	171	316	300	202	327	475	231	249	312	268

图 1-22　2015 年北京市各区农村科普人员

图 1-23 是各区科普人员中农村科普人员所占的比例情况。从中可以看出，城市发展新区、生态涵养发展区的农村科普人员所占比例较高。2015 年农村科普人员比例高达 20% 以上的区有平谷区、朝阳区、门头沟区、怀柔区、房山区和通州区 6 个区。

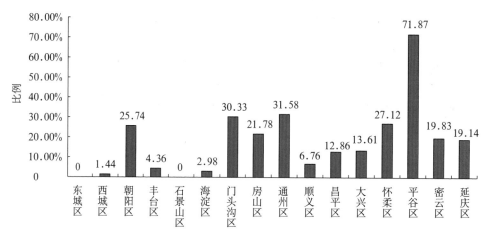

图 1-23　2015 年北京市各区农村科普人员比例

（4）科普管理人员。2015 年各区平均科普管理人员为 65.63 人。图 1-24 所示为各区科普管理人员的数量。相对于其他区，朝阳区、西城区、海淀区和大兴区的科普管理人员规模较大。从科普人员中管理人员的比例来看，除个别区外，多数区的科普管理人员与科普人员之比为 1∶30 到 1∶50。

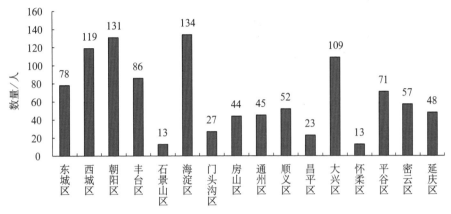

图 1-24　2015 年北京市各区科普管理人员数

（5）科普创作人员。2015 年北京市各区共有科普创作人员 581 人。主要集中于朝阳区、海淀区、东城区和昌平区（图 1-25），分别占总数的 25.82%、17.90%、13.08%、10.67%。

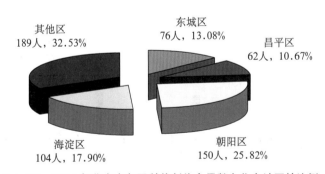

图 1-25　2015 年北京市各区科普创作人员数占北京地区的比例

（6）注册科普志愿者。各区在注册科普志愿者的规模上存在明显差异（图 1-26）。海淀区注册科普志愿者人员最多，达到 7134 名，占北京市注册科普志愿者总数的 35.44%；西城区以 4385 名注册科普志愿者位居其次，占北京市注册科普志愿者总数的 21.78%。

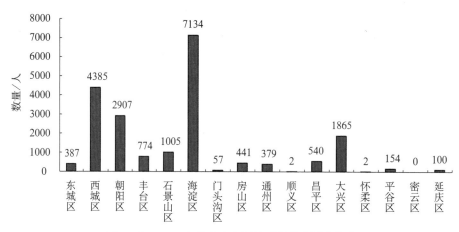

图 1-26 2015 年北京市各区注册科普志愿者人数

1.2.3 16 个区本级

1.2.3.1 各区科普人员规模

2015 年 16 个区平均拥有科普专兼职人员 1597.38 人，科普人员规模超过平均水平的地区依次是朝阳区、丰台区、海淀区、顺义区、大兴区和密云区（图 1-27）。这 6 个区的科普人员总数 14 727 人占北京地区 16 个区本级科普人员总数 25 558 人的 57.62%。

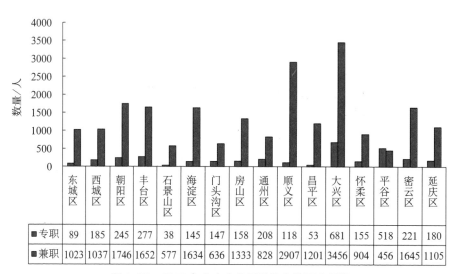

	东城区	西城区	朝阳区	丰台区	石景山区	海淀区	门头沟区	房山区	通州区	顺义区	昌平区	大兴区	怀柔区	平谷区	密云区	延庆区
专职	89	185	245	277	38	145	147	158	208	118	53	681	155	518	221	180
兼职	1023	1037	1746	1652	577	1634	636	1333	828	2907	1201	3456	904	456	1645	1105

图 1-27 2015 年北京市各区科普专兼职人员数

2015 年 16 个区的平均科普专职人员数为 213.63 人，共有 5 个区超过了北京市平均水平，分别为朝阳区、丰台区、大兴区、平谷区和密云区。而且，这 5 个区的科普专职人员总数 1942 人占北京地区 16 个区本级科普专职人员总数 3418 人的 56.82%。

从科普兼职人员来看，2015 年各区平均拥有 1383.75 名科普兼职人员。朝阳区、丰台区、海淀区、顺义区、大兴区和密云区 6 个区的科普兼职人员数量高于全市平均水平。其中，大兴区的科普兼职人员规模达到了 3456 人。

从科普专职人员占全部科普人员的比例来看（图 1-28），海淀区、通州区、大兴区、平谷区、门头沟区科普专职人员占该地区全部科普人员的平均比例均超过 15.77% 的全市平均值，平谷区达到 53.1%。

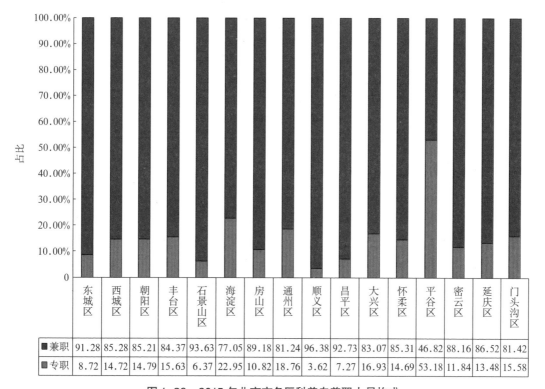

图 1-28　2015 年北京市各区科普专兼职人员构成

从图 1-29 可以看出各区每万人口拥有科普人员情况。2015 年北京地区 16 个区本级平均每万人口拥有科普人员 18.99 人，有 8 个区超过平均水平。其中，城市发展新区 3 个，为顺义区、昌平区和大兴区；生态涵养发展区 5 个，为门头沟区、怀柔区、平谷区、密云区和延庆区。大兴区每万人口科普人员数位居首位，达到 62.30 人。

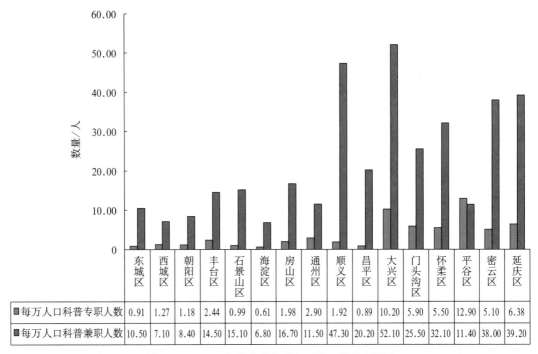

图 1-29   2015 年北京市各区每万人口科普人员数

	东城区	西城区	朝阳区	丰台区	石景山区	海淀区	房山区	通州区	顺义区	昌平区	大兴区	门头沟区	怀柔区	平谷区	密云区	延庆区
每万人口科普专职人数	0.91	1.27	1.18	2.44	0.99	0.61	1.98	2.90	1.92	0.89	10.20	5.90	5.50	12.90	5.10	6.38
每万人口科普兼职人数	10.50	7.10	8.40	14.50	15.10	6.80	16.70	11.50	47.30	20.20	52.10	25.50	32.10	11.40	38.00	39.20

1.2.3.2   各区科普人员构成

（1）科普人员职称及学历。2015 年各区中中级职称以上或大学本科以上学历科普人员数量排列前五的依次是大兴区、顺义区、丰台区、朝阳区和海淀区，其中多数为人口大区（图 1-30）。大兴区、顺义区、丰台区分别拥有中级职称以上或大学本科以上学历科普专兼职人员 1652 人、1456 人和 1264 人，居北京市第 1 位、第 2 位和第 3 位，三区的中级职称以上或大学本科以上学历科普专兼职人员占全市的 31.84%。

在绝大多数区，科普专职人员中中级职称以上或大学本科以上学历人员比例要高于科普兼职人员的这一比例。科普专职人员中中级职称以上或大学本科以上学历人员比例超过 60% 的有 10 个区，东城区、西城区、朝阳区和海淀区超过 80%，怀柔区最低，为 22.58%（图 1-31）。

（2）女性科普人员。各区平均拥有 869.5 名女性科普人员，女性科普人员高于男性科普人员，平均占科普人员总数的 54.43%。石景山区、海淀区、朝阳区、丰台区、西城区、东城区、怀柔区和通州区的女性科普人员占科普人员的比例较大，均超过了平均数。东城区、石景山区女性科普人员分别占本区科普人员总数的 73.65% 和 68.13%，居本市前列。

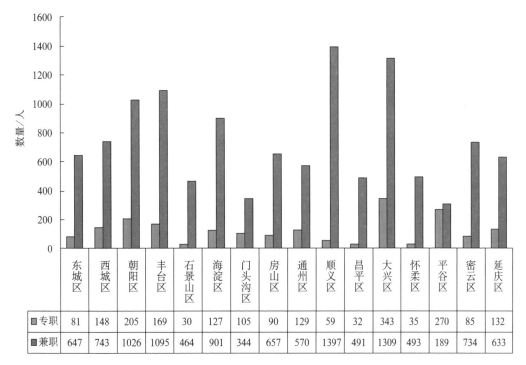

图1-30　2015年北京市各区中级职称以上或大学本科以上学历科普人员数

	东城区	西城区	朝阳区	丰台区	石景山区	海淀区	门头沟区	房山区	通州区	顺义区	昌平区	大兴区	怀柔区	平谷区	密云区	延庆区
专职	81	148	205	169	30	127	105	90	129	59	32	343	35	270	85	132
兼职	647	743	1026	1095	464	901	344	657	570	1397	491	1309	493	189	734	633

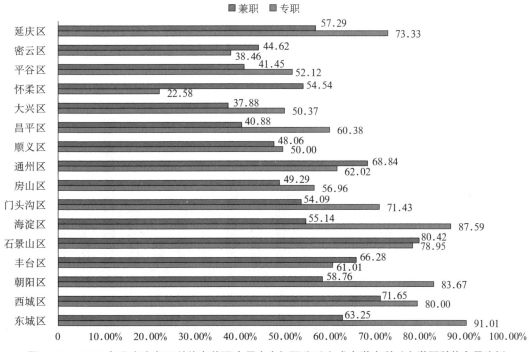

图1-31　2015年北京市各区科普专兼职人员中中级职称以上或大学本科以上学历科普人员比例

（3）农村科普人员。各区农村科普专兼职人员的规模如图1-32所示。平谷区、大兴区2015年投入各类农村科普人员分别为700人和574人，居北京前列。农村科普人员规模零投入的有3个区，分别为东城区、西城区和石景山区。

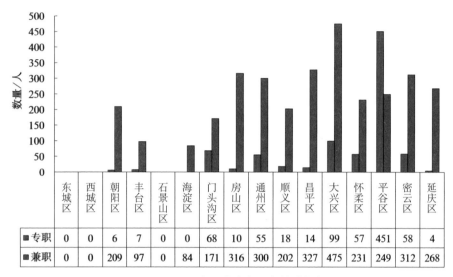

	东城区	西城区	朝阳区	丰台区	石景山区	海淀区	门头沟区	房山区	通州区	顺义区	昌平区	大兴区	怀柔区	平谷区	密云区	延庆区
■专职	0	0	6	7	0	0	68	10	55	18	14	99	57	451	58	4
■兼职	0	0	209	97	0	84	171	316	300	202	327	475	231	249	312	268

图1-32 2015年北京市各区农村科普人员

图1-33是各区科普人员中农村科普人员所占比例情况。从中可以看出，城市发展新区、生态涵养发展区的农村科普人员所占比例较高。2015年农村科普人员比例高达20%以上的区有平谷区、门头沟区、房山区、怀柔区、昌平区、通州区和延庆区7个区。

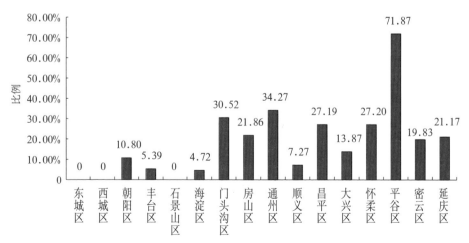

图1-33 2015年北京市各区农村科普人员比例

（4）科普管理人员。2015 年各区平均科普管理人员为 43.94 人。图 1-34 所示为各区科普管理人员的数量。相对于其他区，大兴区、平谷区、朝阳区的科普管理人员规模较大。从科普人员中管理人员的比例来看，除个别区外，多数区的科普管理人员与科普人员之比为 1∶30 到 1∶50。

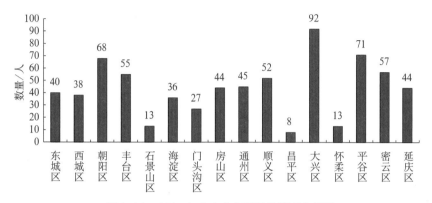

图 1-34　2015 年北京市各区科普管理人员数

（5）科普创作人员。2015 年北京各区共有科普创作人员 176 人。主要集中于朝阳区、怀柔区、丰台区、房山区 4 个区，另外 12 个区仅有 53 人，占总数的 30.11%（图 1-35）。

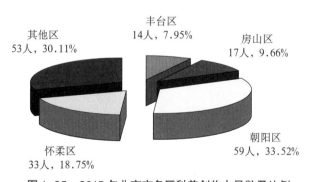

图 1-35　2015 年北京市各区科普创作人员数及比例

（6）注册科普志愿者。各区在注册科普志愿者的规模上存在明显差异。海淀区注册科普志愿者人员最多，达到 7028 名，占北京市注册科普志愿者总数的 37.62%。西城区以 4125 名注册科普志愿者位居其次，占北京市注册科普志愿者总数的 22.08%。昌平区、顺义区、怀柔区及密云区注册科普志愿者较少（图 1-36）。

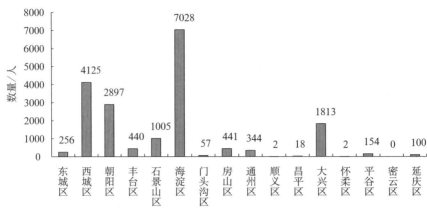

图 1-36　2015 年北京市各区注册科普志愿者数

1.3　部门科普人员分布

1.3.1　部门科普人员规模

从科普人员规模来看卫生与计生、其他、科协组织和农业的科普人员相对较多。如图 1-37 所示，卫生与计生的科普人员共计 12 238 人。其他、科协组织和农业的科普人员数分别达到了 10 123 人、5168 人和 3385 人。教育、科技管理、中国科学院、文化、林业、国土资源、食品药品监管、公安的科普人员规模也相对较大，分别是 3185 人、2322 人、1657 人、1317 人、1166 人、902 人、873 人、740 人。相比之下，质检、新闻出版广电、体育、人力资源、气象、民族事物、民政、旅游、粮食、环保、共青团、工信、工会、妇联组织、改革发展、地震、安监部门的科普人员较少。

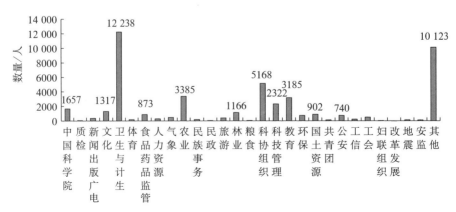

图 1-37　2015 年北京市各部门科普人员数

（1）科普专兼职人员组成结构。不同部门在科普人员组成结构上存在较大差异。人保部门科普专职人员比例较高，达到92.54%（图1-38）。

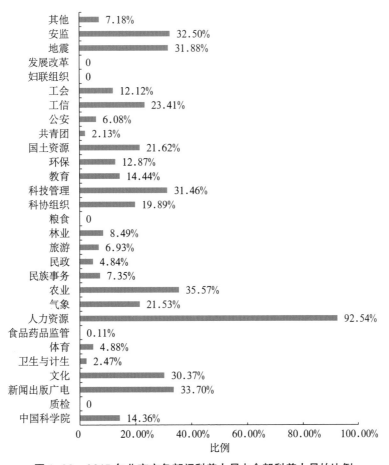

图1-38　2015年北京市各部门科普人员占全部科普人员的比例

（2）科普兼职人员年度实际投入工作量。如图1-39所示，2015年其他部门、卫生与计生的科普兼职人员年度人均投入工作量较高，为13 741个月、6715个月，超过1000个月的还有农业、林业、科协组织、科技管理、教育、国土资源、公安、工会部门。

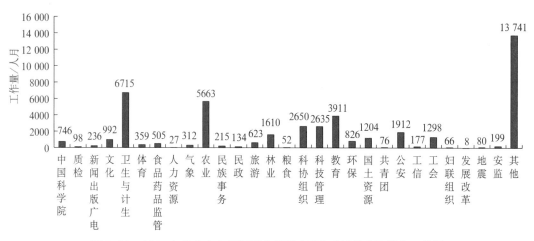

图1-39　2015年北京市各部门科普兼职人员年度平均实际投入工作量

1.3.2　部门科普人员构成

（1）科普人员职称及学历。从科普人员中中级职称以上或大学本科以上学历科普人员情况来看（图1-40，图1-41），北京地区各部门中级职称以上或大学本科以上学历科普人员总数无论多少，其占科普人员比例除共青团、旅游、改革发展部门外均在44.11%以上；质检、粮食部门最高，达到100%；超过90%的有中国科学院、体育、人力资源、教育、国土资源、妇联组织、地震；超过80%的有食品药品监管、民族事物、工会部门。其他部门，如卫生与计生部门虽有8367名中级职称以上或大学本科以上学历科普人员，但只占其部门科普人员总数的68.37%，其主要原因是其他部门科普人员的构成主要是来自乡镇、街道及社区的科普工作者。

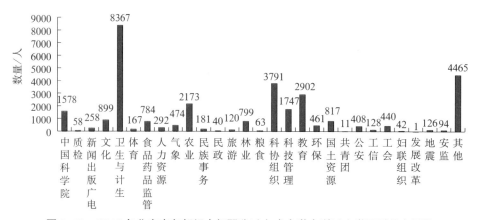

图1-40　2015年北京市各部门中级职称以上或大学本科以上学历科普人员数

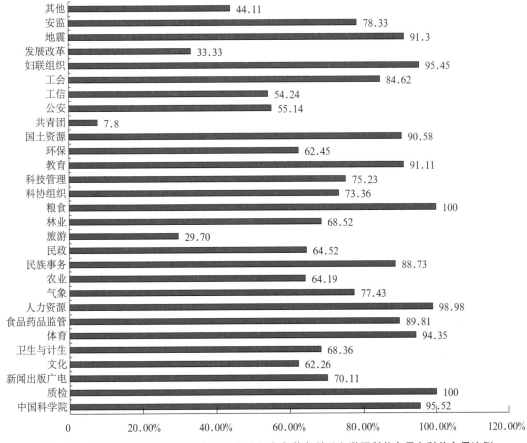

图 1-41　2015 年北京市各部门中级职称以上或大学本科以上学历科普人员占科普人员比例

（2）女性科普人员。2016 年卫生与计生、其他部门、科协组织、教育和农业的女性科普人员数量位居前 5 位，女性科普人员数分别达到了 7674 人、6145 人、2243 人、1927 人和 1442 人（图 1-42）。由于工作对象和工作性质的原因，妇联组织、卫生与计生部门的女性科普人员比例分别高达 97.73%、62.71%（图 1-43）。

（3）农村科普人员。图 1-44 是北京市各部门农村科普人员分布情况。农村科普人员主要分布在科协组织、农业、卫生与计生、林业、旅游和其他部门，农村科普人员人数分别达到 1169 人、889 人、118 人、150 人、63 人和 2970 人。六部门农村科普人员占全部农村科普人员总数的 100%。之所以其他部门农业科普工作者达到 2970 人，其主要原因是，北京地区统计了乡镇、街道一级的科普工作者，这与北京地区人口分布基本一致。

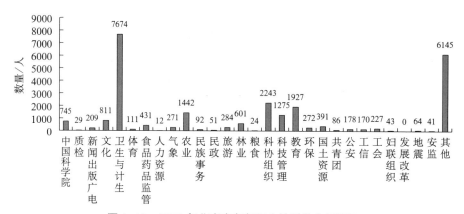

图1-42 2015年北京市各部门女性科普人员情况

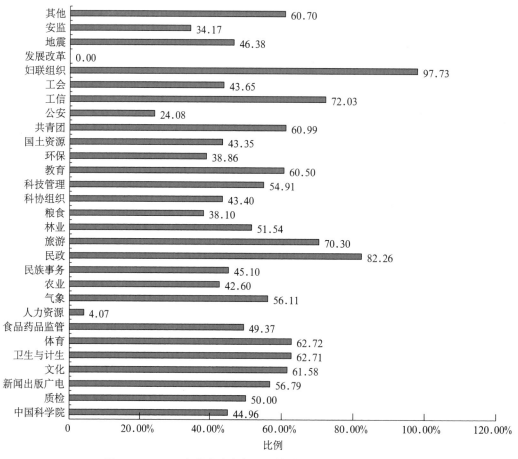

图1-43 2015年北京市各部门女性科普人员占科普人员比例

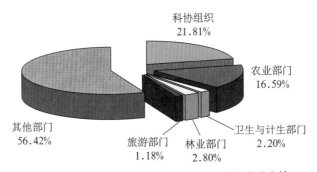

图 1-44　2015 年北京市各部门农村科普人员分布情况

（4）科普管理人员。从图 1-45 可以看出，科协组织的科普管理人员最多，为 238 人。其他部门、中国科学院、科技管理分别有科普管理人员 209 人、207 人和 201 人。

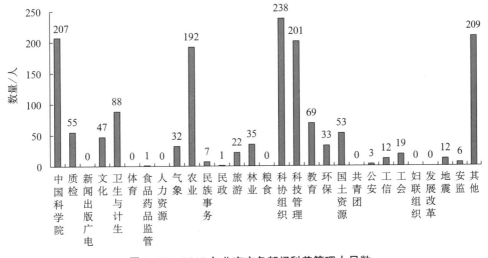

图 1-45　2015 年北京市各部门科普管理人员数

（5）科普创作人员。从图 1-46 可以看出，科普创作人员主要分布于新闻出版广电、科协组织、科技管理、农业和教育部门。2015 年新闻出版广电部门有科普创作人员 202 人，占北京地区科普创作人员总数的 18.63%，占科技管理部门科普专职人员总数的 187.04%。

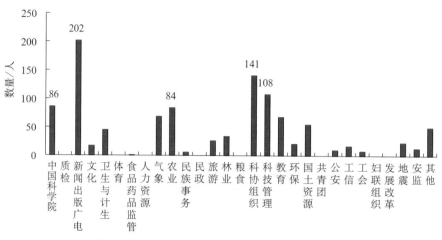

图 1-46   2015 年北京市各部门科普创作人员情况

2 科普场地

统计中科普场地划分为科普场馆、公共场所科普宣传场地和科普（技）教育基地三大类。其中，科普场馆包括科技馆（以科技馆、科学中心、科学宫等命名的，以展示、教育为主，传播、普及科学的科普场所），科学技术博物馆（包括科技类博物馆、天文馆、水族馆、标本馆及设有自然科学部的综合博物馆等）和青少年科技馆站 3 类；公共场所科普宣传场地包括科普画廊、城市社区科普（技）专用活动室、农村科普（技）活动场地和科普宣传专用车 4 类；科普（技）教育基地包括国家级科普（技）教育基地和省级科普（技）教育基地。

2015 年度科普统计继续要求每个"科普场馆"单独填报一份报表，这样获得的科普场馆数据可以更加全面、真实地反映中国目前的科普场馆状况。

截至 2015 年年底（表 2-1），北京地区共有建筑面积在 500 平方米以上的各类科技馆、科学技术博物馆 102 个，比 2014 年的 101 个增加了 1 个。建筑面积合计 1 079 317 平方米，比 2014 年的 1 097 756 平方米减少了 18 439 平方米，降低了 1.68%；展厅面积合计 483 646 平方米，比 2014 年的 476 066 平方米增加了 7580 平方米，增长了 1.59%；参观人次共计 16 631 909 人次，比 2014 年的 15 941 245 人次增加了 690 664 人次，增长了 4.33%。

表 2-1 2013—2015 年科技馆、科学技术博物馆相关数据的变化

	2013 年	2014 年	2015 年	2013—2014 年增长率 /%	2014—2015 年增长率 /%
科技馆、科学技术博物馆个数 / 个	92	101	102	9.78	0.99
建筑面积 / 平方米	1 050 571	1 097 756	1 079 317	4.49	−1.68
展厅面积 / 平方米	421 330	476 066	483 646	12.99	1.59
参观人次 / 人次	18 074 348	15 941 245	16 631 909	−11.80	4.33

2015 年北京地区科普场馆基建支出共计 1.42 亿元，比 2014 年的 2.57 亿元降低了 44.75%。

截至 2015 年年底，北京地区共有建筑面积在 500 平方米以上的科普场馆 116 个，其中，科技馆 31 个，科学技术博物馆 71 个，青少年科技馆站 14 个。建筑面积 116.08 万平方米，每万人拥有科普场馆建筑面积 534.82 平方米；展厅面积 49.52 万平方米；每万人拥有科普场馆展厅面积 228.18 平方米。三类科普场馆年参观人次为 1674.70 万人次，其中，科技馆年参观人次为 484.86 万人次，科学技术博物馆年参观人次为 1178.33 万人次，青少年科技馆站年参观人次为 11.51 万人次。

另外，北京地区共有科普画廊 4268 个，城市社区科普（技）活动专用室 1112 个，农村科普（技）活动场地 1832 个，科普宣传专用车 62 辆。

2.1 科技馆

2.1.1 科技馆的总体情况

截至 2015 年年底（表 2-2），北京地区共有建筑面积在 500 平方米以上的科技馆 31 个，与 2014 年的 31 个持平；全部科技馆建筑面积合计 233 692 平方米，展厅面积合计 137 466 平方米，参观人次共计 4 848 607 人次，平均每万人拥有科技馆建筑面积 107.67 平方米。

2015 年科技馆展厅面积占建筑面积的比例为 58.84%（图 2-1），比 2014 年的 52.34% 上升了 6.5 个百分点。而科技馆的展厅面积比 2014 年的 167 501 平方米减少了 30 035 平方米，建筑面积比 2014 年的 319 979 平方米减少了 86 287 平方米。

图 2-1　2015 年科技馆展厅面积及其占建筑面积的比例

各级别的科技馆分布情况如表 2-2 所示。市属、区属科技馆建设规模较小，平均建筑面积 4880.46 平方米，平均展厅面积 2773.12 平方米；市属科技馆平均每馆年吸引公众参观 11.74 万人次，区属科技馆平均每馆年吸引公众参观 2.44 万人次。

表 2-2　2015 年各级别科技馆的相关数据

单位级别	科技馆/个	建筑面积/平方米	展厅面积/平方米	参观人次/人次
中央在京	5	106 800	65 365	3 377 000
市属	9	76 750	48 750	1 056 744
区属	17	50 142	23 351	414 863
合计	31	233 692	137 466	4 848 607

2.1.2　科技馆的地区分布

2015 年，首都功能核心区（东城区、西城区），城市功能拓展区（朝阳区、丰台区、石景山区、海淀区），城市发展新区（房山区、通州区、顺义区、昌平区、大兴区）和生态涵养发展区（门头沟区、平谷区、怀柔区、密云区、延庆区）拥有科技馆数量比例分别为 19.35%、35.48%、22.58% 和 22.58%（图 2-2）。

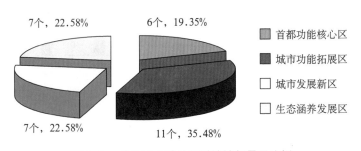

7个，22.58%　6个，19.35%

- 首都功能核心区
- 城市功能拓展区
- 城市发展新区
- 生态涵养发展区

7个，22.58%　11个，35.48%

图 2-2　北京 4 个功能区科技馆数量及比例

如图 2-3 所示，从北京地区每万人口拥有科技馆展厅面积的角度看，首都功能核心区、城市功能拓展区、城市发展新区和生态涵养发展区每万人口拥有展厅面积分别为 82.25 平方米、96.50 平方米、8.14 平方米和 58.39 平方米。

目前北京地区科技馆的区分布呈现不均衡状态。图 2-4 反映出北京地区科技馆在 16 个区的分布情况。2015 年，在北京地区的 31 个科技馆中，东城区、西城区、朝阳区、海淀区、丰台区、石景山区 6 城区共有 17 个，占北京地区科技馆总数的 54.84%；而通州区、顺义区、怀柔区、平谷区等 10 个郊区共有 14 个科技馆。

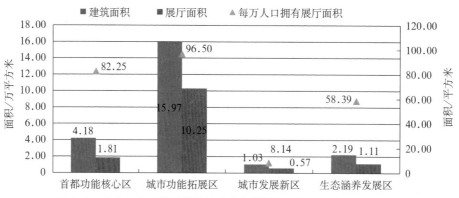

图 2-3　北京 4 个功能区科技馆建设规模及每万人口拥有展厅面积

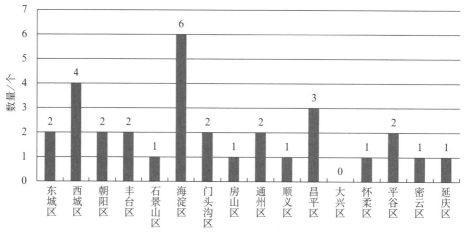

图 2-4　科技馆的区分布

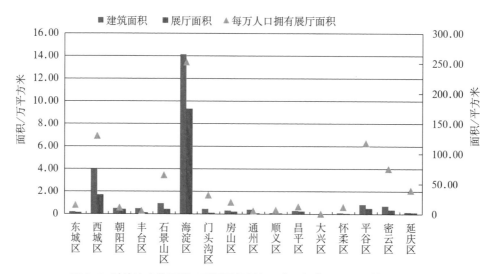

图 2-5　科技馆建筑面积、展厅面积及每万人口拥有展厅面积的区分布

2.1.3 科技馆的部门分布

按部门划分，北京地区的科技馆分布如图 2-6 所示。从中可以看出，科技管理、科协、教育、地震和工信部门数量较多。

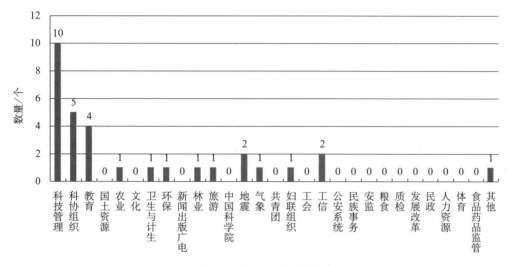

图 2-6　科技馆部门分布

如表 2-3 所示，各部门科技馆 2015 年参观人次分布也不均衡，科协组织达到了 70% 以上，科技管理部门达到了 18.03%，其余部门则都比较少。

表 2-3　2015 年各部门科技馆参观人数

部门	当年参观人次 / 人次	占全部的比例 /%
科技管理部门	874 063	18.03
科协组织	3 440 000	70.95
教育部门	28 600	0.59
国土资源部门	0	0
农业部门	2000	0.04
文化部门	0	0
卫生与计生部门	8500	0.18
环保部门	2000	0.04
新闻出版广电部门	0	0
林业部门	200 000	4.12

部门	当年参观人次 / 人次	占全部的比例 /%
旅游部门	154 393	3.18
中国科学院所属部门	0	0
地震部门	3800	0.08
气象部门	7000	0.14
共青团组织	0	0
妇联组织	2000	0.04
工会组织	0	0
工信（含国防科工系统）	110 000	2.27
公安系统	0	0
民族事务部门	0	0
安全生产监督管理部门	0	0
粮食局部门	0	0
质量监督检验检疫部	0	0
发展改革部门	0	0
民政部	0	0
人力资源和社会保障部门	0	0
体育部门	0	0
食品药品监督管理部门	0	0
其他部门	16 251	0.34

2.2 科学技术博物馆

2.2.1 科学技术博物馆的总体情况

截至 2015 年年底（表 2-4），北京地区共有建筑面积在 500 平方米以上的科学技术博物馆 71 个，建筑总面积合计 845 625 平方米，展厅面积合计 346 180 平方米，参观人次共计 11 783 302 人次，平均每万人口拥有科学技术博物馆建筑面积 389.60 平方米。

如图 2-7 所示，2015 年科学技术博物馆建筑面积增加 67 848 平方米，展厅面积增加 37 615 平方米，使得展厅面积占建筑面积由 2014 年的 39.68% 增加到 40.94%。北京地区平均每万人口拥有科学技术博物馆展厅面积由 2014 年的 143.41 平方米增加到 159.49 平方米。

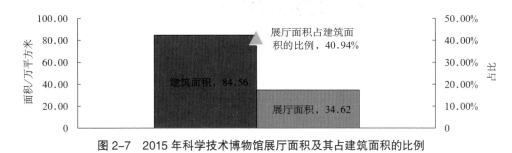

图 2-7 2015 年科学技术博物馆展厅面积及其占建筑面积的比例

各级别的科学技术博物馆分布情况如表 2-4 所示。区属科技馆建设规模较小，平均每馆建筑面积 10 208.09 平方米，平均每馆展厅面积 5394.39 平方米。

表 2-4 2015 年各级别科学技术博物馆的相关数据

单位级别	科学技术博物馆 / 个	建筑面积 / 平方米	展厅面积 / 平方米	参观人次 / 人次
中央在京	24	277 368	119 326	2 978 438
市属	24	333 471	102 783	5 560 102
区属	23	234 786	124 071	3 244 762
合计	71	845 625	346 180	11 783 302

2.2.2 科学技术博物馆的地区分布

2015 年，首都功能核心区（东城区、西城区），城市功能拓展区（朝阳区、丰台区、石景山区、海淀区），城市发展新区（房山区、通州区、顺义区、昌平区、大兴区）和生态涵养发展区（门头沟区、平谷区、怀柔区、密云区、延庆区）拥有科学技术博物馆数量比例分别为 22.54%、42.25%、15.49% 和 19.72%（图 2-8）。

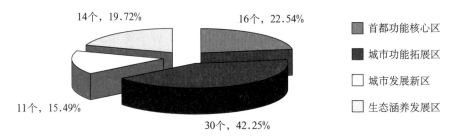

14个，19.72%   16个，22.54%

首都功能核心区
城市功能拓展区
城市发展新区
生态涵养发展区

11个，15.49%

30个，42.25%

图 2-8 　北京 4 个功能区科学技术博物馆数量及比例

如图 2-9 所示，从北京地区每万人口拥有科学技术博物馆展厅面积的角度看，首都功能核心区、城市功能拓展区、城市发展新区和生态涵养发展区每万人口拥有展厅面积分别为 252.19 平方米、126.21 平方米、111.84 平方米和 411.88 平方米。

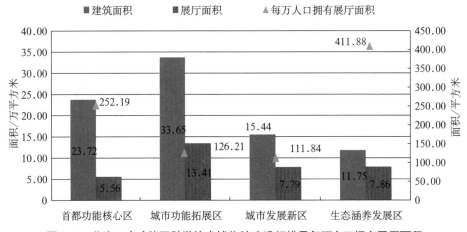

图 2-9 　北京 4 个功能区科学技术博物馆建设规模及每万人口拥有展厅面积

目前北京地区科学技术博物馆的区分布呈现不均衡状态。图 2-10 反映出北京地区科学技术博物馆在 16 个区的分布情况。2015 年，在北京地区的 71 个科学技术博物馆中，东城区、西城区、朝阳区、海淀区、丰台区、石景山区 6 城区共有 46 个，占北京地区科学技术博物馆总数的 64.79%；而通州区、顺义区、怀柔区、平谷区等 10 个郊区共有 25 个科学技术博物馆。

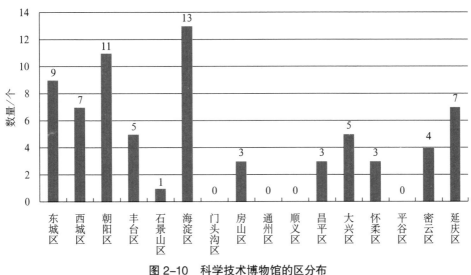

图 2-10　科学技术博物馆的区分布

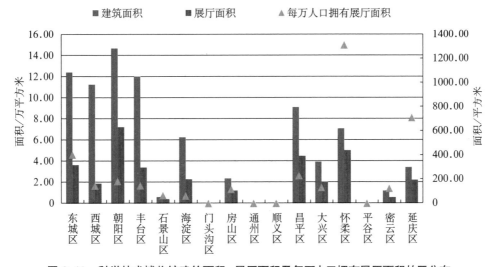

图 2-11　科学技术博物馆建筑面积、展厅面积及每万人口拥有展厅面积的区分布

2.2.3　科学技术博物馆的部门分布

按部门划分，北京地区的科学技术博物馆分布如图 2-12 所示。从中可以看出，文化、农业、工信、国土资源、中科院、科技管理、林业、旅游和其他部门数量较多。

如表 2-5 所示，各部门科学技术博物馆 2015 年参观人次分布也同样不均衡，文化部门达到 16.85%，科技管理部门达到 14.89%，工信部门达到 10.54%，其他部门达到了 33.16%，其余的部门参观人数则都比较少。

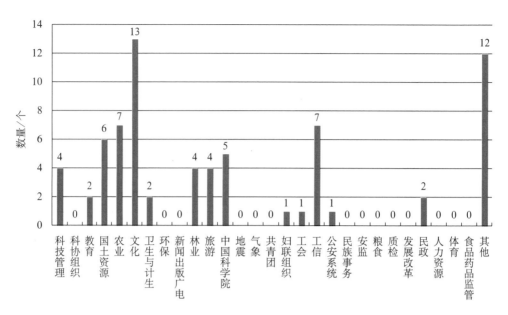

图 2-12　科学技术博物馆部门分布

表 2-5　2015 年各部门科学技术博物馆参观人次

部门	当年参观人次 / 人次	占全部的比例 /%
科技管理部门	1 754 885	14.89
科协组织	0	0
教育部门	110 000	0.93
国土资源部门	277 443	2.35
农业部门	587 746	4.99
文化部门	1 985 933	16.85
卫生与计生部门	45 000	0.38
环保部门	0	0
新闻出版广电部门	0	0
林业部门	708 738	6.01
旅游部门	549 000	4.66
中国科学院所属部门	374 770	3.18
地震部门	0	0
气象部门	0	0

续表

部门	当年参观人次 / 人次	占全部的比例 /%
共青团组织	0	0
妇联组织	30 000	0.25
工会组织	30 000	0.25
工信（含国防科工系统）	1 242 541	10.54
公安系统	50 000	0.42
民族事务部门	0	0
安全生产监督管理部门	0	0
粮食局部门	0	0
质量监督检验检疫部	0	0
发展改革部门	0	0
民政部	130 000	1.10
人力资源和社会保障部门	0	0
体育部门	0	0
食品药品监督管理部门	0	0
其他部门	3 907 246	33.16

2.3 青少年科技馆站

2.3.1 青少年科技馆站的总体情况

截至 2015 年年底（表 2-6），北京地区共有建筑面积在 500 平方米以上的青少年科技馆站 14 个，全部青少年科技馆站建筑面积合计 81 509 平方米，展厅面积合计 11 628 平方米，参观人次共计 115 108 人次，平均每万人口拥有青少年科技馆站建筑面积 37.55 平方米。2015 年青少年科技馆站展厅面积占建筑面积的比例为 14.27%（图 2-13）。

各级别的青少年科技馆站分布情况如表 2-6 所示。青少年科技馆站平均建筑面积 5822.07 平方米，平均展厅面积 830.57 平方米；市属青少年科技馆站平均每馆年吸引公众参观 4500 人次，区属青少年科技馆站平均每馆年吸引公众参观约 8235 人次。

图 2-13 2015 年青少年科技馆站展厅面积及其占建筑面积的比例

表 2-6 2015 年各级别青少年科技馆站的相关数据

单位级别	青少年科技馆站 / 个	建筑面积 / 平方米	展厅面积 / 平方米	参观人次 / 人次
中央在京	1	3500	628	15 520
市属	2	6928	2700	9000
区属	11	71 081	8300	90 588
合计	14	81 509	11 628	115 108

2.3.2 青少年科技馆站的地区分布

2015 年，首都功能核心区（东城区、西城区），城市功能拓展区（朝阳区、丰台区、石景山区、海淀区），城市发展新区（房山区、通州区、顺义区、昌平区、大兴区）和生态涵养发展区（门头沟区、平谷区、怀柔区、密云区、延庆区）拥有青少年科技馆站数量比例分别为 35.71%、42.86%、7.14% 和 14.29%（图 2-14）。

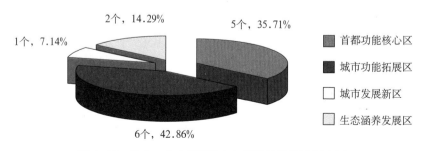

图 2-14 北京 4 个功能区青少年科技馆站数量及比例

如图 2-15 所示，从北京地区每万人口拥有青少年科技馆站展厅面积的角度看，首都功能核心区（老城区）、城市功能拓展区、城市发展新区和生态涵养发展区每万人口拥有展厅面积分别为 19.65 平方米、5.93 平方米、0.72 平方米和 2.62 平方米。

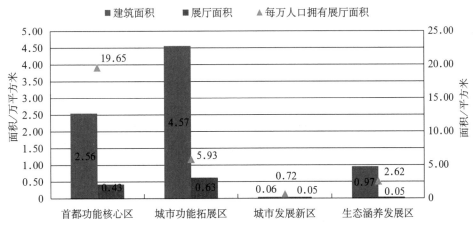

图 2-15　北京四个功能区青少年科技馆站建设规模及每万人口拥有展厅面积

目前北京地区青少年科技馆站的区分布呈现不均衡状态。图 2-16 反映出北京地区青少年科技馆站在 16 个区的分布情况。2015 年，在北京地区的 14 个青少年科技馆站中，东城区、西城区、朝阳区、海淀区、丰台区、石景山区 6 城区共有 11 个，占北京地区青少年科技馆站总数的 78.57%；而通州区、顺义区、怀柔区、平谷区等 10 个郊区共有 3 个青少年科技馆站。

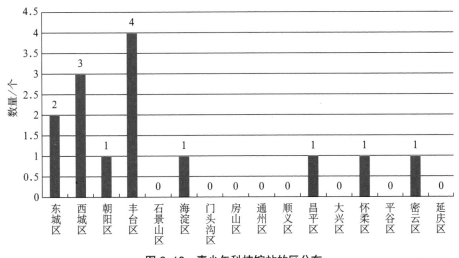

图 2-16　青少年科技馆站的区分布

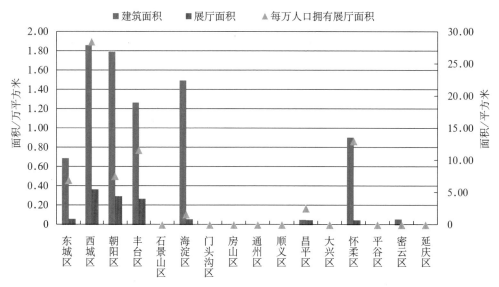

图 2-17 青少年科技馆站建筑面积、展厅面积及每万人口拥有展厅面积的区分布

2.3.3 青少年科技馆站的部门分布

按部门划分，北京地区青少年科技馆站的分布如图 2-18 所示。从中可以看出，科技管理部门和教育部门数量较多，科协组织、文化、公安和安监部门各有 1 个。

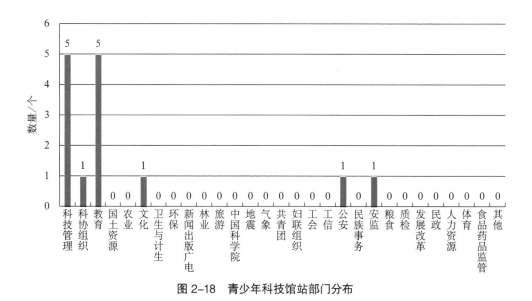

图 2-18 青少年科技馆站部门分布

如表 2-7 所示，各部门青少年科技馆站 2015 年参观人次分布也不均衡，教育部门的

达到 38.65% 左右，科技管理部门的达到 36.31%，安监部门的达到 13.48%，其余部门的
则都比较少。

表 2-7　2015 年各部门青少年科技馆站参观人次

部门	当年参观人次 / 人次	占全部的比例 /%
科技管理部门	41 800	36.31
科协组织	300	0.26
教育部门	44 488	38.65
国土资源部门	0	0
农业部门	0	0
文化部门	4000	3.47
卫生与计生部门	0	0
环保部门	0	0
新闻出版广电部门	0	0
林业部门	0	0
旅游部门	0	0
中国科学院所属部门	0	0
地震部门	0	0
气象部门	0	0
共青团组织	0	0
妇联组织	0	0
工会组织	0	0
工信（含国防科工系统）	0	0
公安系统	9000	7.82
民族事务部门	0	0
安全生产监督管理部门	15 520	13.48
粮食局部门	0	0
质量监督检验检疫部	0	0
发展改革部门	0	0

续表

部门	当年参观人次 / 人次	占全部的比例 /%
民政部	0	0
人力资源和社会保障部门	0	0
体育部门	0	0
食品药品监督管理部门	0	0
其他部门	0	0

2.4 公共场所科普宣传场地

公共场所科普宣传场地主要指科普画廊、城市社区科普（技）专用活动室、农村科普（技）活动场地和科普宣传专用车。

截至 2015 年年底，本市共有科普画廊 4258 个，城市社区科普（技）专用活动室 1112 个，农村科普（技）活动场地 1832 个，科普宣传专用车 62 辆。

2.4.1 科普画廊

科普画廊主要是指在公共场所建立的用于向社会公众介绍科普知识的橱窗，这种宣传形式在中国城乡非常普遍。

截至 2015 年年底，北京地区共有科普画廊 4258 个，比 2014 年的 3231 个增加 31.79%（图 2-19）。

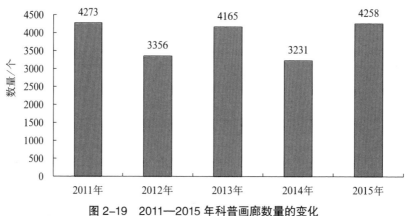

图 2-19　2011—2015 年科普画廊数量的变化

从科普画廊的级别分布看，由区属单位建设的科普画廊占83.54%，市属单位建设的科普画廊占13.13%，中央在京单位建设的科普画廊占3.33%（图2-20）。

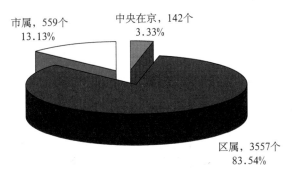

图 2-20　2015 年北京地区科普画廊级别分布

图 2-21 所示的是2011—2015 年首都功能核心区、城市功能拓展区、城市发展新区、生态涵养发展区科普画廊的分布情况及数量变化情况。其中，2015 年生态涵养发展区1156 个，比 2014 年的 582 个增加 574 个，而首都功能核心区为 408 个，比 2014 年的427 个减少 19 个。

图 2-22 所示的是北京地区科普画廊在各区的分布情况。2015 年排在前列的分别是：丰台区、平谷区和通州区。

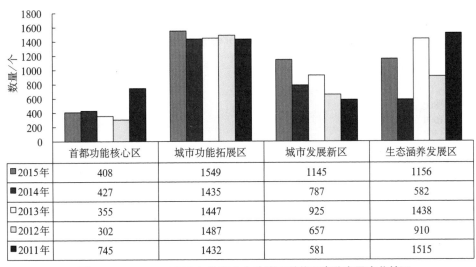

	首都功能核心区	城市功能拓展区	城市发展新区	生态涵养发展区
■2015年	408	1549	1145	1156
■2014年	427	1435	787	582
□2013年	355	1447	925	1438
□2012年	302	1487	657	910
■2011年	745	1432	581	1515

图 2-21　2011—2015 年北京 4 个功能区科普画廊分布及变化情况

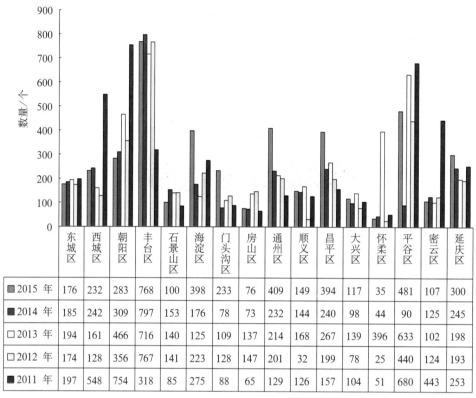

	东城区	西城区	朝阳区	丰台区	石景山区	海淀区	门头沟区	房山区	通州区	顺义区	昌平区	大兴区	怀柔区	平谷区	密云区	延庆区
2015 年	176	232	283	768	100	398	233	76	409	149	394	117	35	481	107	300
2014 年	185	242	309	797	153	176	78	73	232	144	240	98	44	90	125	245
2013 年	194	161	466	716	140	125	109	137	214	168	267	139	396	633	102	198
2012 年	174	128	356	767	141	223	128	147	201	32	199	78	25	440	124	193
2011 年	197	548	754	318	85	275	88	65	129	126	157	104	51	680	443	253

图 2-22　2011—2015 年各区科普画廊分布情况

　　图 2-23 显示的是北京地区各部门拥有的科普画廊数量。从中可以看出，卫计与计生、科协组织和教育等部门的科普画廊数量较多。本图中的其他部门科普画廊主要是各区在社区建设的科普画廊。

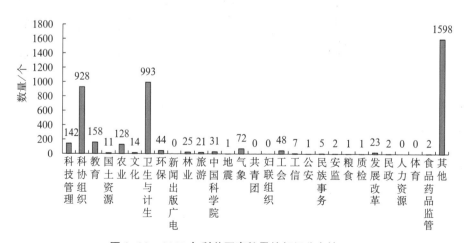

图 2-23　2015 年科普画廊数量的部门分布情况

2.4.2　城市社区科普（技）专用活动室

2015 年北京地区共有城市社区科普（技）活动专用室 1112 个，比 2014 年的 1014 个增加 98 个。如图 2-24 所示，社区科普（技）专用活动室在首都功能核心区和城市功能拓展区呈正增长，在城市发展新区和生态涵养发展区呈负增长。

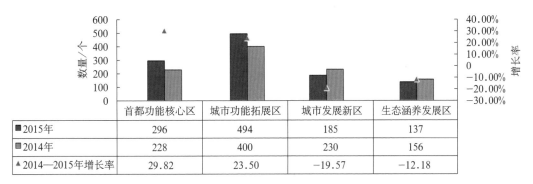

	首都功能核心区	城市功能拓展区	城市发展新区	生态涵养发展区
■ 2015年	296	494	185	137
2014年	228	400	230	156
▲ 2014—2015年增长率	29.82	23.50	−19.57	−12.18

图 2-24　2014—2015 年北京 4 个功能区城市社区科普（技）专用活动室分布情况

不同级别单位建设的城市社区科普（技）专用活动室数量差别很大，如图 2-25 所示，区级单位建设的活动室占北京地区城市社区科普（技）专用活动室的 96.22%。

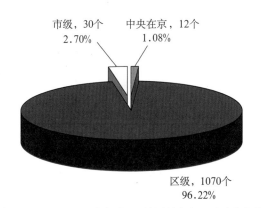

市级，30个
2.70%

中央在京，12个
1.08%

区级，1070个
96.22%

图 2-25　2015 年各级别城市社区科普（技）专用活动室数量及比例

从部门的城市社区科普（技）专用活动室看（图 2-26），除其他部门外，科协组织建设的活动室数量最多，共计 190 个，其次是卫生与计生部门 107 个、科技管理部门 64 个和发展改革部门 22 个。本图显示的其他部门科普（技）专用活动室，主要是各区建设的城市社区科普（技）专用活动室。

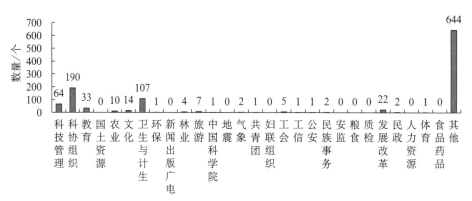

图 2-26　2015 年各部门城市社区科普（技）专用活动室数量

2.4.3　农村科普（技）活动场地

农村科普（技）活动场地是面向农民开展科普活动的重要阵地。2015 年北京地区共有农村科普（技）活动场地 1832 个，比 2014 年的 1839 个减少 7 个。如图 2-27 所示，城市发展新区、生态涵养发展区呈正增长，城市功能拓展区呈负增长。

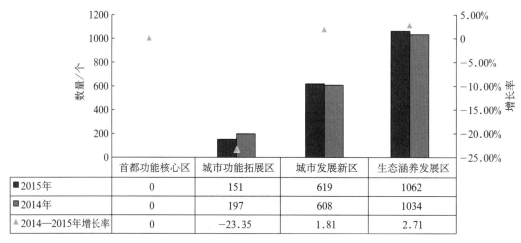

	首都功能核心区	城市功能拓展区	城市发展新区	生态涵养发展区
■2015年	0	151	619	1062
■2014年	0	197	608	1034
▲2014—2015年增长率	0	−23.35	1.81	2.71

图 2-27　2014—2015 年北京 4 个功能区农村科普（技）活动场地分布情况

农村科普（技）活动场地主要由区级部门建设。如图 2-28 所示，区级单位拥有的农村科普（技）活动场地占全部的 98.53%。

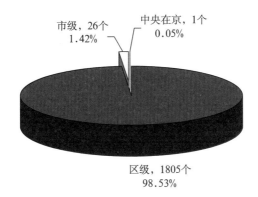

图 2-28　2015 年北京市各级别农村科普（技）活动场地数量及比例

2015 年拥有农村科普（技）活动场地数量较多的区包括延庆区、密云区、怀柔区等（图 2-29）。

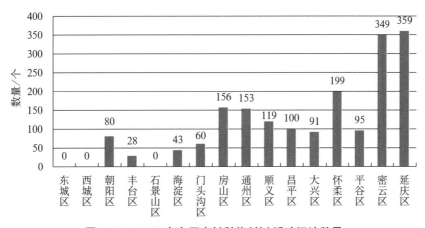

图 2-29　2015 年各区农村科普（技）活动场地数量

从各部门的农村科普（技）活动场地数量看（图 2-30），除其他部门外，科协组织、卫生与计生、农业、科技管理和地震部门建设的农村科普（技）活动场地最多，共计 243 个。本图显示的其他部门建设的农村科普（技）活动场地达 1580 个，这主要是由 16 个区乡镇村建设的。

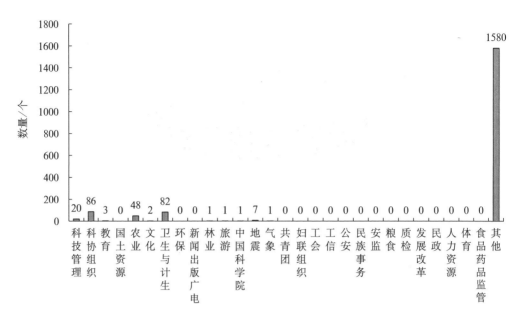

图 2-30　2015 年各部门农村科普（技）活动场地数量

2.4.4　科普宣传专用车

科普宣传专用车是指科普大篷车及其他专门用于科普活动的车辆，其最大的特点是机动灵活，适合服务于偏远地区的群众。

2015 年，北京地区共有科普宣传专用车 62 辆，比 2014 年的 82 辆减少了 20 辆。

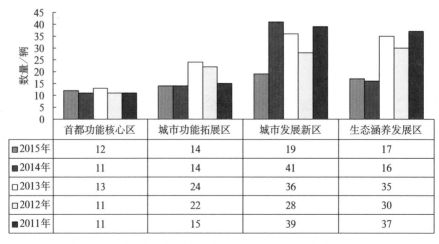

	首都功能核心区	城市功能拓展区	城市发展新区	生态涵养发展区
■2015年	12	14	19	17
■2014年	11	14	41	16
□2013年	13	24	36	35
□2012年	11	22	28	30
■2011年	11	15	39	37

图 2-31　2011—2015 年北京 4 个功能区科普宣传专用车分布及变化情况

3 科普经费

统计中，科普经费年度筹集额是指本单位内可专门用于科普工作管理、研究及开展科普活动等科普事业的各项收入之和。从资金筹集的渠道来分析，它包括政府拨款、社会捐赠、自筹资金和其他收入 4 个部分。其中，政府拨款是指从各级政府部门获得的用于本单位科普工作实施的经费，不包括代管经费和本单位划转到其他单位去的经费；社会捐赠是指从国内外各类团体和个人获得的专门用于开展科普活动的经费（捐物不在统计范围内）；自筹资金是指本单位自行筹集的，专门用于开展科普工作的经费；其他收入是指本单位科普经费筹集额中除上述经费外的收入。

年度科普经费使用额是指本单位内实际用于科普管理、研究及开展科普活动的全部实际支出。从支出的具体用途分析，包括行政支出；科普活动支出，指直接用于组织和开展科普活动的支出；科普场馆基建支出，指本年度内实际用于科普场馆的基本建设资金，包括场馆建设支出和展品、设施支出，前者是指实际用于场馆的土建费（场馆修缮和新场馆建设），后者即科普展品和设施添加所产生的费用两部分；其他支出，指本单位科普经费使用额中除上述支出外，用于科普工作的相关支出。

3.1 科普经费概况

3.1.1 科普经费筹集

（1）年度科普经费筹集额的构成。2015 年北京地区全社会科普经费投入 21.26 亿元，比 2014 年的 21.74 亿减少了 0.48 亿元。其中，各级政府财政拨款 16.30 亿元，占总投入金额的 76.67%，比 2014 年的 68.91% 增加了 7.76 个百分点。在政府拨款的科普经费中，科普专项经费 11.99 亿元，比 2014 年的 9.90 亿元增加了 21.11%，由此计算得出北京人均科普专项经费 55.24 元，比 2014 年的人均 46.01 元增加了 9.23 元。

2015 年科普筹集经费中，社会捐赠 0.13 亿元，比 2014 年的 0.97 亿元减少了 0.84 亿元，占科普经费筹集总额的 0.61%，比 2014 年减少了 3.85 个百分点；自筹资金达 3.39 亿元，比 2014 年的 4.98 亿元减少 1.59 亿元，约占总额的 15.95%，比 2014 年略有减少，仍是仅次于政府拨款的筹资来源；其他收入有 1.44 亿元，比 2014 年增加 0.63 亿元，占 6.77%，比 2014 年高 3.04 个百分点（图 3-1）。

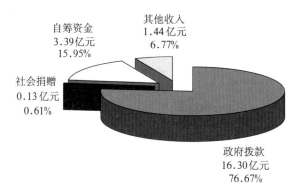

自筹资金
3.39亿元
15.95%

其他收入
1.44亿元
6.77%

社会捐赠
0.13亿元
0.61%

政府拨款
16.30亿元
76.67%

图 3-1　2015 年北京地区科普经费筹集额构成

从科普经费筹集额的增长看（表 3-1），与 2012 年、2013 年和 2014 年相比，2015
年政府拨款最多，社会捐赠从逐年增长到有所降低，自筹资金一直降低，其他收入从降
到增，表明社会资源对科普的投入还未形成稳定的投资机制。

表 3-1　2012—2015 年科普经费筹集额构成的变化

	2012 年 /亿元	2013 年 /亿元	2014 年 /亿元	2015 年 /亿元	2012—2013 年 增长率 /%	2013—2014 年 增长率 /%	2014—2015 年 增长率 /%
政府拨款	13.21	15.42	14.98	16.30	16.73	-2.85	8.81
社会捐赠	0.17	0.26	0.97	0.13	52.94	273.08	-86.60
自筹资金	7.57	5.12	4.98	3.39	-32.36	-2.73	-31.93
其他收入	1.20	0.47	0.81	1.44	-60.83	72.34	77.78

（2）年度科普经费筹集额的地区分布。从首都功能核心区、城市功能拓展区、城市
发展新区、生态涵养发展区各区域的科普经费筹集额的对比数据看，2015 年本市科普经
费投入的区域不平衡性仍旧存在（图 3-2）。首都功能核心区和城市功能拓展区的科普
经费筹集额占北京地区总额的 83.49%，比 2014 年的 89% 减少了 5.51 个百分点。将科普
经费筹集额平均到区域中的每个区，首都功能核心区和城市功能拓展区的平均科普经费
筹集额是 2.96 亿元，比 2014 年的 3.23 亿元减少 0.27 亿元；城市发展新区各区的平均科
普经费筹集额由 2014 年的 0.32 亿元，增加到 0.41 亿元；生态涵养发展区平均科普经费
筹集额由 2014 年的 0.15 亿元上升到 0.29 亿元。总体来看，在经济发达的城区科普经费
投入相对较好，而城市化程度较低的地区科普经费总体较低，这说明科普发展与经济发
展之间存在一定的正相关关系。

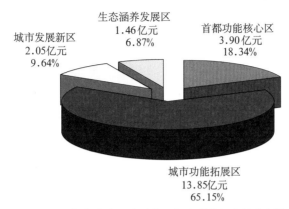

图 3-2　2015 年北京市 4 个功能区年度科普经费筹集额构成

　　从科普经费筹集额的增长率来看（表 3-2），2012—2015 年 4 个功能区均有增减情况，但从实际科普经费筹集额上看，首都功能核心区维持在 5 亿元左右，城市功能拓展区维持在 13 亿元左右，城市发展新区维持在 2 亿元左右，生态涵养发展区维持在 1 亿元左右。

表 3-2　2012—2015 年北京市 4 个功能区科普经费筹集额的变化情况

	2012 年 /亿元	2013 年 /亿元	2014 年 /亿元	2015 年 /亿元	2012—2013 年 增长率 /%	2013—2014 年 年增长率 /%	2014—2015 年 增长率 /%
首都功能核心区	5.79	4.72	5.81	3.90	−18.48	23.09	−32.87
城市功能拓展区	12.36	13.84	13.57	13.85	11.97	−1.95	2.06
城市发展新区	3.24	1.53	1.62	2.05	−52.78	5.88	26.54
生态涵养发展区	0.75	1.18	0.74	1.46	57.33	−37.29	97.30

　　（3）年度科普经费筹集额的层级构成。如图 3-3 所示，2015 年北京地区各层级科普经费筹集额构成，中央在京单位科普经费筹集额占北京地区的 49.77%。

　　表 3-3 显示，2015 年北京地区各层级科普经费筹集额中，市属单位科普经费筹集额有所降低，由 2014 年的 6.31 亿元锐减到 2015 年的 1.51 亿元；2015 年中央在京单位科普经费筹集额达到 10.58 亿元，比 2014 年的 10.96 亿元略有降低；区属单位科普经费筹集额自 2012 年以来持续减少，2015 年迅速增加，由 2014 年的 4.47 亿元猛增至 2015 年的 9.17 亿元，增长了 1 倍多。

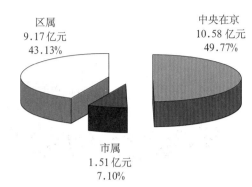

区属
9.17亿元
43.13%

中央在京
10.58亿元
49.77%

市属
1.51亿元
7.10%

图3-3 2015年北京地区各级科普经费筹集额构成

表3-3 2012—2015年各级科普经费筹集额的变化

	2012年/亿元	2013年/亿元	2014年/亿元	2015年/亿元	2012—2013年增长率/%	2013—2014年增长率/%	2014—2015年增长率/%
中央在京	11.29	10.29	10.96	10.58	−8.86	6.51	−3.47
市属	5.35	6.20	6.31	1.51	15.89	1.77	−76.07
区属	5.50	4.78	4.47	9.17	−13.09	−6.49	105.15

　　从图3-4可以看出，自2012年以来，北京地区各层级科普经费筹集额各年构成虽有增减变化，但中央在京单位的科普经费筹集额基本维持在五成左右，这说明在北京地区科普投入中中央在京单位起着举足轻重的作用。从科普经费层级构成增减趋势来看，中央在京单位和市属单位科普经费筹集额所占比例有下降趋势，而区属单位科普经费筹集额所占比例由2014年的20.56%增长到2015年的43.13%。

■中央在京 ■市属 □区属

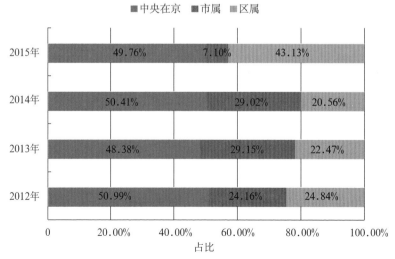

图3-4 2012—2015年北京地区（含中央在京单位）科普经费筹集额构成比较

3.1.2 科普经费使用

（1）科普经费使用额的构成。2015年北京地区科普经费使用额共计约20.16亿元。其中，行政支出2.70亿元，科普活动支出12.63亿元，科普场馆基建支出1.42亿元，其他支出3.06亿元。从2015年总体上看，除科普活动支出历年同比呈正增长趋势，其他各项支出呈负增长与正增长波动变化（图3-5）。

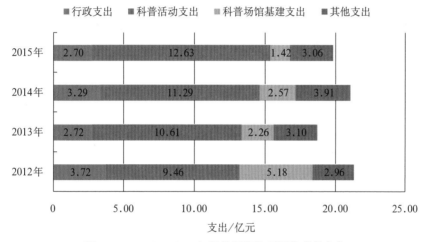

图 3-5　2012—2015 年科普经费使用额构成的变化

表3-4显示的是2012—2015年科普经费使用额及其增长率。行政支出、科普活动支出、科普场馆基建支出、其他支出增长率均有增有减。

表 3-4　2012—2015 年科普经费使用额及其增长率

支出类别	2012年/亿元	2013年/亿元	2014年/亿元	2015年/亿元	2012—2013年增长率/%	2013—2014年增长率/%	2014—2015年增长率/%
行政支出	3.72	2.72	3.29	2.70	−26.88	20.96	−17.93
科普活动支出	9.46	10.61	11.29	12.63	12.16	6.41	11.87
科普场馆基建支出	5.18	2.26	2.57	1.42	−56.37	13.72	−44.75
其他支出	2.96	3.10	3.91	3.06	4.73	26.13	−21.74

图3-6反映2015年科普经费使用额的构成比例。2015年科普经费使用额中的大部分支出用于举办各种科普活动，占全部科普经费使用额的63.76%；科普场馆基建支出占全部科普经费支出的7.17%；行政支出占全部科普经费支出的13.63%；其他支出占全部科普经费支出的15.45%。其中，科普场馆基建支出中，展品、设施支出为主要支出。

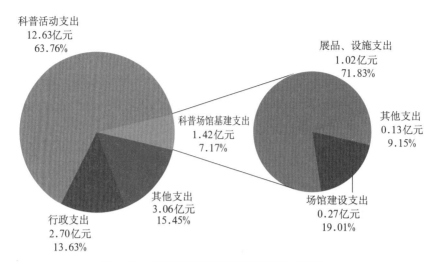

图 3-6 2015 年科普经费使用额的构成比例

图 3-7 反映 2012—2015 年科普经费使用额中科普场馆基建支出构成比例变化。2015 年用于举办各种科普活动的支出比例比 2012 年的 44.37% 增加了 19.39 个百分点；科普场馆基建支出比 2012 年的 24.30% 减少了 17.13 个百分点；其他支出比 2012 年的 13.88% 增加了 1.57 个百分点。

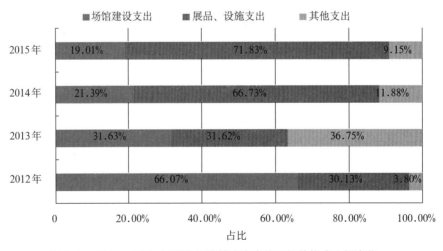

图 3-7 2012—2015 年科普场馆基建支出使用额的构成比例变化

（2）各层级科普经费使用额构成。从各层级的科普经费支出看（图 3-8，图 3-9），中央在京单位科普经费使用最高，为 10.23 亿元，占 3 个层级总支出的 50.74%，比 2013 年的 45.77% 增加 4.97 个百分点。市属和区属分别为 1.40 亿元和 8.53 亿元，所占比例各为 6.95% 和 42.31%，市属比 2013 年减少 25.92 个百分点，区属增加 20.95 个百分点。

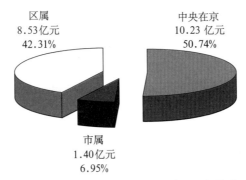

图 3-8 2015 年各层级科普经费使用额构成

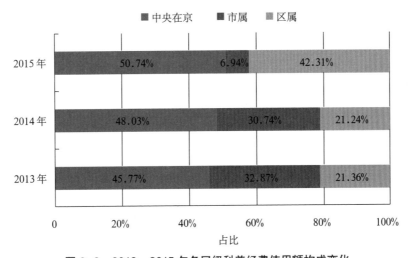

图 3-9 2013—2015 年各层级科普经费使用额构成变化

从各层级科普经费使用额的构成情况看（图 3-10），各个层级的支出构成中，市属单位科普活动支出的比例最大，为 73.08%，中央在京单位为 67.79%，区属单位最低为 57.18%；科普场馆基建支出以区属单位支出比例为最大，约占 15.13%；中央在京单位的行政经费支出最高，为 18.72%，市属单位为 11.94%，区属单位最低为 7.51%；区属单位的其他支出最高为 20.18%，市属单位的其他支出为 6.20%，中央在京单位的其他支出为 12.94%。

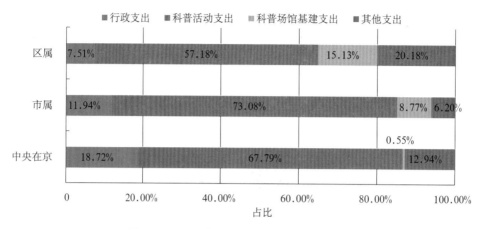

图 3-10　2015 年各层级科普经费使用额构成

（3）各层级科普场馆基建经费使用额构成。从各层级科普场馆基建经费使用额的构成情况看（图 3-11），2015 年各个层级的支出构成中，展品、设施支出较大，区属单位为 75.16%，中央在京单位和市属单位分别为 60.03% 和 48.19%。

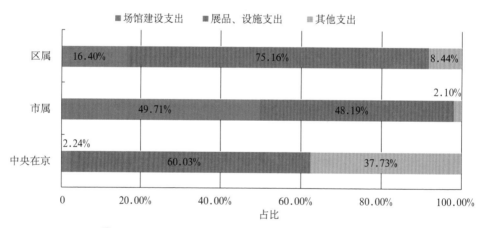

图 3-11　2015 年各层级科普场馆基建经费使用额构成

3.2　区科普经费筹集及使用

3.2.1　科普经费筹集

3.2.1.1　北京地区科普经费筹集

（1）年度科普经费筹集额。北京地区从年度科普经费筹集额的总数看（图 3-12），科普经费投入仍呈现不均衡发展。排名前 6 位的朝阳区、丰台区、东城区、海淀区、西城区和昌平区的科普经费筹集额之和高达 18.05 亿元，占北京地区总数的 84.90%。 2015 年与 2014 年前 6 区科普经费筹集额同比减少 6.90 个百分点，其主要原因是，前 6 名中有 2 个区筹集额呈大幅度负增长。

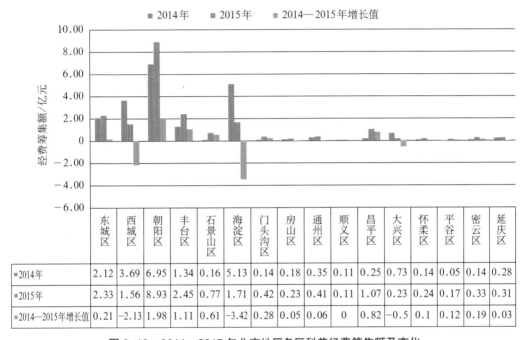

	东城区	西城区	朝阳区	丰台区	石景山区	海淀区	门头沟区	房山区	通州区	顺义区	昌平区	大兴区	怀柔区	平谷区	密云区	延庆区
■2014年	2.12	3.69	6.95	1.34	0.16	5.13	0.14	0.18	0.35	0.11	0.25	0.73	0.14	0.05	0.14	0.28
■2015年	2.33	1.56	8.93	2.45	0.77	1.71	0.42	0.23	0.41	0.11	1.07	0.23	0.24	0.17	0.33	0.31
■2014—2015年增长值	0.21	-2.13	1.98	1.11	0.61	-3.42	0.28	0.05	0.06	0	0.82	-0.5	0.1	0.12	0.19	0.03

图 3-12　2014—2015 年北京地区各区科普经费筹集额及变化

（2）年度科普经费筹集额构成。从图 3-13 可以发现，各区政府财政拨款是科普经费的主要来源，政府拨款比例超过 70% 的区有东城区、朝阳区、丰台区、石景山区、门头沟区、房山区、顺义区、昌平区、怀柔区、密云区 10 个区，另外，延庆区超过了 60%。自筹资金是科普经费筹集额的另一个重要来源，自筹资金比例较高的区是通州区，达到了 46.13%。

（3）人均科普专项经费。图 3-14 显示，2015 年人均科普专项经费（含中央在京单位）朝阳区最高，达到 182.55 元 / 人，大兴区最低，为 3.57 元 / 人。

2014—2015 年，中央、市、区三级合计科普专项经费人均科普专项经费的地区差异变化（图 3-15），50 元以上（含 50 元）及 5 ～ 10 元（含 5 元）的区个数未发生变化，10 ～ 50 元（含 10 元）的区由 7 个增加到 9 个，2 ～ 5 元（含 2 元）的区由 3 个减少到 1 个。总体上看，北京地区各区人均科普专项经费发展仍不均衡。

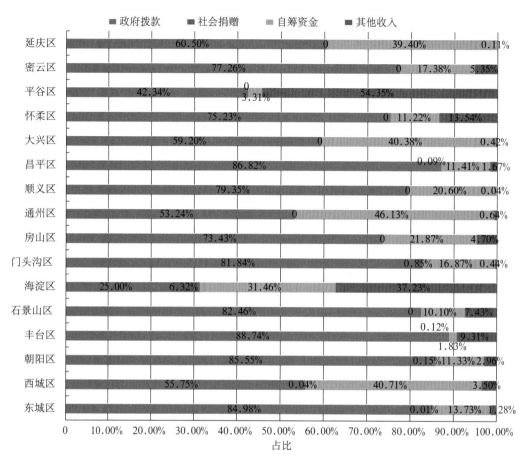

图 3-13　2015 年北京地区各区科普经费筹集额构成

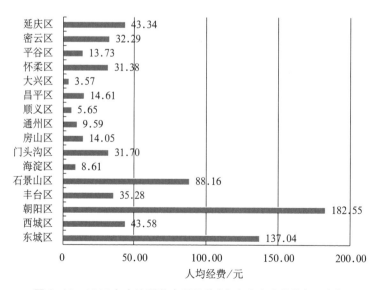

图 3-14　2015 年人均科普专项经费（含中央在京单位）区分布

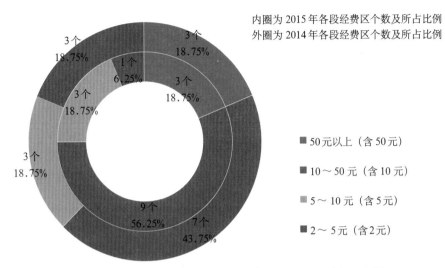

内圈为2015年各段经费区个数及所占比例
外圈为2014年各段经费区个数及所占比例

- 50元以上（含50元）
- 10～50元（含10元）
- 5～10元（含5元）
- 2～5元（含2元）

图 3-15 2014—2015 年人均科普专项经费各段区个数及比例

3.2.1.2 北京市（不含中央在京单位）科普经费筹集

（1）年度科普经费筹集额。从北京地区市属及区属单位年度科普经费筹集额总数看（图 3-16），排名前 5 位的丰台区、东城区、西城区、昌平区和朝阳区的科普经费筹集额之和高达 7.13 亿元，但较 2014 年的 8.31 亿元减少了 1.18 亿元，其占北京地区市属及区属单位年度科普经费筹集额总数的比例从 77.09% 降低到 66.64%。从各区增减的情况看，各区科普经费筹集额有向均衡发展的趋势。

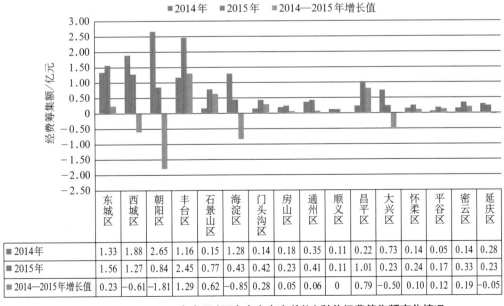

	东城区	西城区	朝阳区	丰台区	石景山区	海淀区	门头沟区	房山区	通州区	顺义区	昌平区	大兴区	怀柔区	平谷区	密云区	延庆区
■2014年	1.33	1.88	2.65	1.16	0.15	1.28	0.14	0.18	0.35	0.11	0.22	0.73	0.14	0.05	0.14	0.28
■2015年	1.56	1.27	0.84	2.45	0.77	0.43	0.42	0.23	0.41	0.11	1.01	0.23	0.24	0.17	0.33	0.23
■2014—2015年增长值	0.23	−0.61	−1.81	1.29	0.62	−0.85	0.28	0.05	0.06	0	0.79	−0.50	0.10	0.12	0.19	−0.05

图 3-16 2014—2015 年各区（不含中央在京单位）科普经费筹集额变化情况

（2）年度科普经费筹集额构成。从图3-17可以发现，各级政府财政拨款是科普经费的主要来源，政府拨款比例超过70%的区有东城区、朝阳区、丰台区、石景山区、海淀区、门头沟区、房山区、顺义区、昌平区、怀柔区、密云区11个区，另有西城区、通州区、大兴区3个区超过50%。自筹资金是科普经费筹集额的另一个重要来源，其中自筹资金比例较高的区是延庆区、通州区、西城区和大兴区，分别达53.40%、45.77%、43.31%和40.38%。

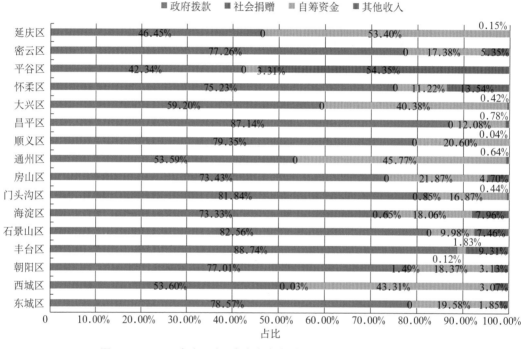

图3-17 2015年各区（不含中央在京单位）科普经费筹集额构成

（3）市、区二级人均科普专项经费。图3-18显示，市、区二级人均科普专项经费2015年与2014年相比，有9个区呈正增长，西城区、朝阳区、丰台区、海淀区、通州区、大兴区和延庆区7个区呈负增长。从市、区二级人均科普专项经费的增长情况看（图3-18），2015年绝大多数区与2014年相比增减幅度较为平稳，东城区、石景山区、海淀区、怀柔区和密云区增减幅度较大。从图3-14和图3-18可以看出，朝阳区和延庆区人均科普专项经费受中央在京单位影响较大，2015年含中央在京单位人均科普专项经费182.55元和43.34元，不含中央在京单位人均科普专项经费11.39元和17.22元；其他区受中央在京单位的影响较小，相对较大的还有西城人均科普专项经费由43.58元降到31.04元。

2014—2015年市、区二级合计科普专项经费人均科普专项经费的地区差异变化（图

3-19），5～10元（含5元）的区数未发生变化，50元以上（含50元）由1个增加到2个，10～50元（含10元）由9个增加到10个，2～5元（含2元）由3个减少到1个。

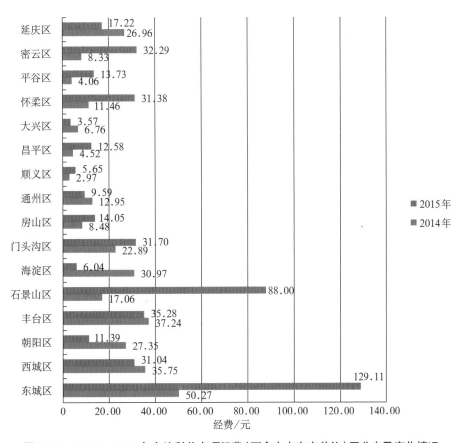

图 3-18　2014—2015 年人均科普专项经费（不含中央在京单位）区分布及变化情况

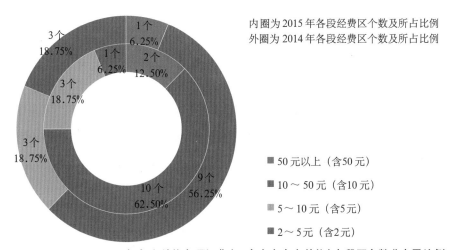

图 3-19　2014—2015 年人均科普专项经费（不含中央在京单位）各段区个数分布及比例

3.2.1.3 区（不含中央和市属单位）科普经费筹集

（1）年度科普经费筹集额。从北京地区区属单位年度科普经费筹集额总数看（图3-20），科普经费投入同样呈现不均衡发展。排名前3位的丰台区、东城区、昌平区的科普经费筹集额之和高达4.57亿元，占北京地区区属单位年度科普经费筹集额总数的49.84%。其他13个区科普经费投入总额为4.60亿元。

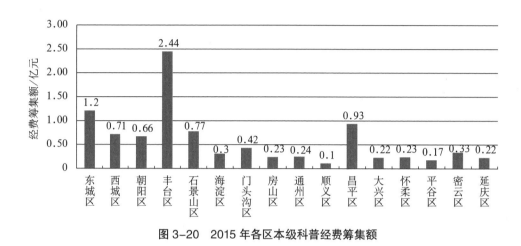

图 3-20　2015 年各区本级科普经费筹集额

（2）年度科普经费筹集额构成。科普经费主要依靠财政拨款。从图3-21可以发现，各区政府拨款是科普经费的主要来源，政府拨款比例超过70%的区有东城区、朝阳区、丰台区、石景山区、海淀区、门头沟区、房山区、通州区、顺义区、昌平区、怀柔区和密云区12个区。自筹资金是科普经费筹集额的另一个重要来源，其中自筹资金比例较高的有西城区、延庆区和大兴区分别达70.27%、54.18%和40.18%。

（3）区一级人均科普专项经费。图3-22显示，2015年区一级人均科普专项经费东城区最高，达到103.81元/人，大兴区最低，为3.53元/人。从图3-14和图3-22可以看出，东城区、西城区、朝阳区和延庆区2015年人均科普专项经费仍受中央在京单位及市属单位影响较大，含中央在京及市属单位人均科普专项经费为137.04元、43.58元、182.55元和43.34元，不含中央在京及市属单位人均科普专项经费分别为103.81元、8.93元、9.18元和16.01元；其他区受中央在京及市属单位的影响较小，相对较大的有海淀区人均科普专项经费由8.61元降到4.36元，昌平区人均科普专项经费由14.61元降到10.10元。

2014—2015年区一级人均科普专项经费的地区差异变化（图3-23），5～10元（含5元）的区个数未发生变化，50元以上（含50元）由0个增加到2个，10～50元（含10元）由6个增加到8个，2～5元（含2元）由6个减少到2个。总体来看，北京地区各区区属单位人均科普专项经费有向均衡发展的趋势。

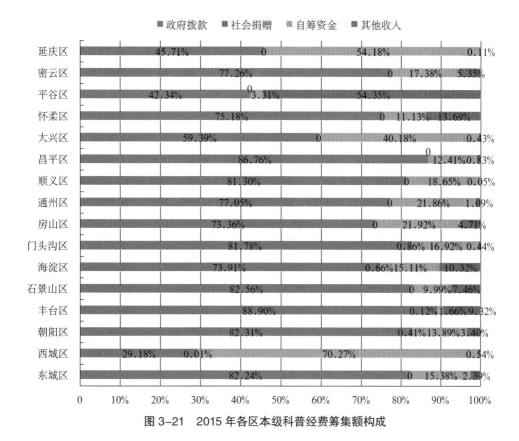

图 3-21　2015 年各区本级科普经费筹集额构成

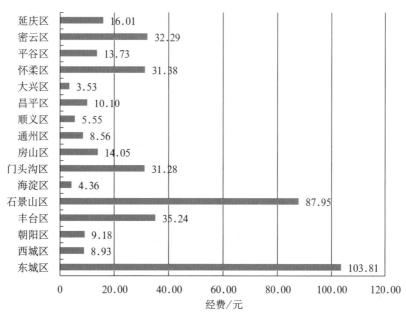

图 3-22　2015 年区一级人均科普专项经费地区分布

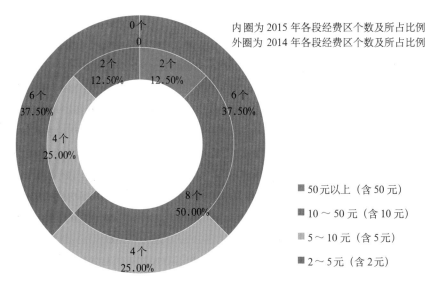

内圈为 2015 年各段经费区个数及所占比例
外圈为 2014 年各段经费区个数及所占比例

■ 50 元以上（含 50 元）

■ 10～50 元（含 10 元）

■ 5～10 元（含 5 元）

■ 2～5 元（含 2 元）

图 3-23　2014—2015 年区一级人均科普专项经费不同区分布

3.2.2　科普经费使用

3.2.2.1　北京地区科普经费使用

（1）年度科普经费使用额与筹集额。从图 3-24 可以看出，年度科普经费使用额和年度科普经费筹集额是密切相关的，尽管各区年度科普经费使用额差异很大，但科普经费的使用额和筹集额基本持平。

（2）年度科普经费使用额构成。从各区科普经费使用额的具体构成看（图 3-25），科普活动支出是大多数区科普经费最主要的使用方向。2015 年北京地区科普活动支出12.63 亿元，占全部科普经费使用额 20.16 亿元的 62.65%，比 2014 年的 53.63% 增加了 9.02个百分点。科普活动支出大于 62.65% 的区有西城区、朝阳区、通州区、昌平区、大兴区、平谷区和密云区 7 个区。

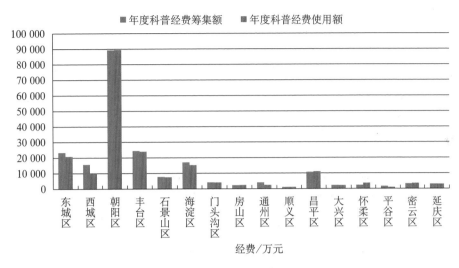

图 3-24　2015 年北京地区各区科普经费使用额与筹集额对比

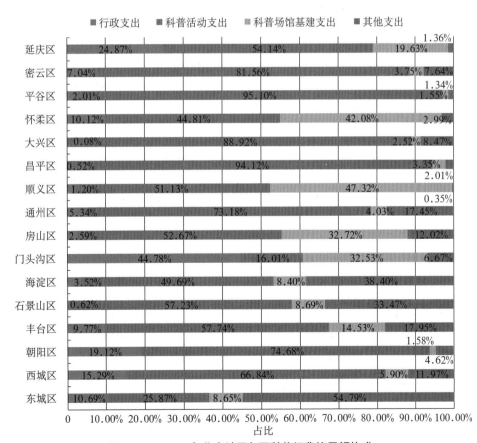

图 3-25　2015 年北京地区各区科普经费使用额构成

（3）科普场馆基建支出构成。2015年北京地区用于科普场馆基建支出的经费总额为1.42亿元，比2014年的2.57亿元减少了1.15亿元。

从科普场馆基建支出政府投入上看（图3-26），北京地区政府投入科普场馆建设仅占49.51%，不过比2014年的34.16%增加了15.35个百分点。政府拨款超过平均值的区有朝阳区、丰台区、石景山区、门头沟区、怀柔区5个区。

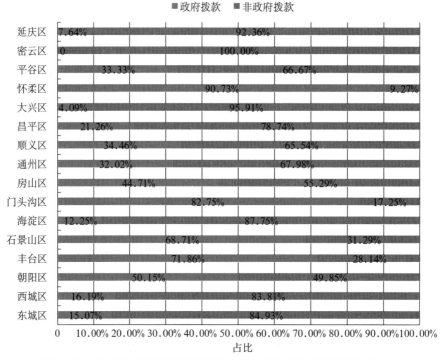

图3-26　2015年各区科普场馆基建支出政府与非政府拨款额比例

3.2.2.2　北京市（不含中央在京单位）科普经费使用

（1）年度科普经费使用额与筹集额对比。从图3-27可以看出，北京市部分区年度科普经费使用额和年度科普经费筹集额受中央在京单位的影响极大，其年度科普经费使用额和年度科普经费筹集额总体上大约仅占北京地区的21.51%。朝阳区、海淀区和东城区市属及区属单位科普经费筹集额仅占含中央在京单位的9.41%、25.15%和66.95%，其他区有10个区无影响，另外3个区影响相对较小。

（2）年度科普经费使用额构成。从各区科普经费使用额的具体构成看（图3-28），科普活动支出是大多数区科普经费最主要的使用方向。2015年北京市科普活动支出5.70亿元，占全部科普经费使用额9.57亿元的59.56%。西城区、朝阳区、通州区、昌平区、大兴区、平谷区、密云区和延庆区8个区科普活动支出在60%以上。其中，昌平区和平谷区这 2 个区的科普活动支出超过 90%。

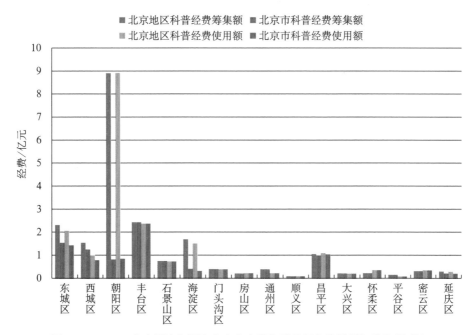

图 3-27　2015 年各区含与不含中央在京单位科普经费使用额与筹集额对比

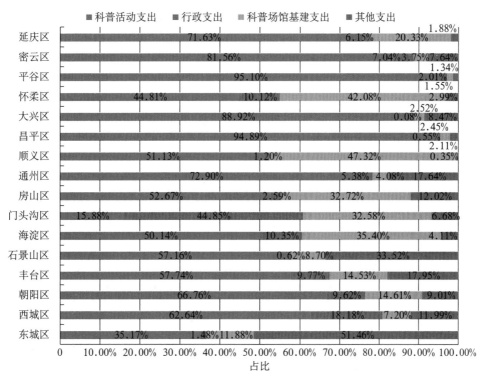

图 3-28　2015 年各区（不含中央在京单位）科普经费使用额构成

3.3 部门科普经费筹集及使用

3.3.1 北京地区各部门科普经费筹集及使用

3.3.1.1 北京地区各部门科普经费筹集

从各部门的科普经费筹集额看，中国科学院是各部门中最高的，中国科学院 2015 年度科普经费筹集额达 82 204.00 万元。科普经费筹集额较高的部门还包括教育、卫生与计生、科技管理、旅游、环保、新闻出版广电、科协组织等。图 3-29 和图 3-30 为 2015 年各部门科普经费筹集额及构成情况。

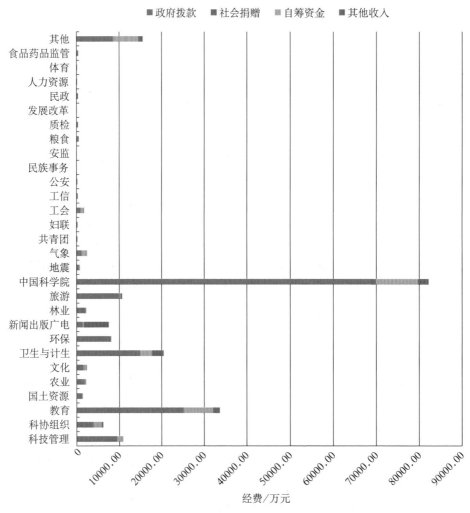

图 3-29　2015 年北京地区各部门科普经费筹集额

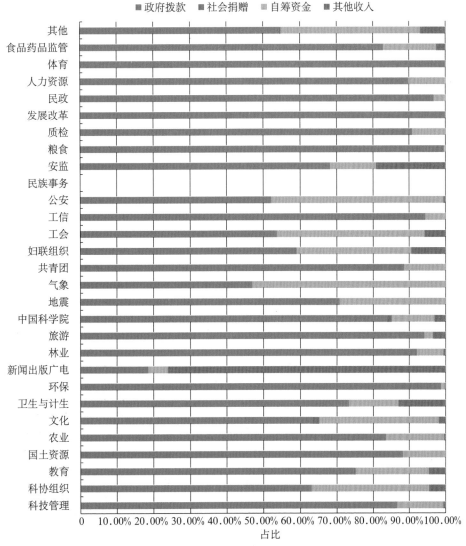

图 3-30 2015 年北京地区各部门科普经费筹集额构成

  各部门的科普经费最主要的来源是政府拨款,其中,中国科学院的政府拨款额高达 6.89 亿元,教育部门以 2.51 亿元位居其次。从构成来看(图 3-31),各部门科普经费平均有 74.78% 来自政府拨款。环保、林业、旅游、工信、粮食、质检、发展改革、民政和体育部门的科普经费筹集额中,来自政府拨款的比例均高达 90% 以上;科技管理、教育、国土资源、农业、卫生与计生、中国科学院、地震、共青团、人力资源和食品药品部门的科普经费筹集额中,来自政府拨款的比例也高达 70% 以上。这说明政府在这些部门的科普经费筹集中起着主导作用。

自筹资金是仅次于政府拨款的重要组成部分，各部门的科普经费中自筹资金所占比例平均值为16.40%。从图3-32可以看出，气象、公安、工会部门的自筹资金比例较高，自筹经费高达40%以上。科协组织、文化、妇联组织、其他等部门的科普经费超过30%都是来自自筹资金。

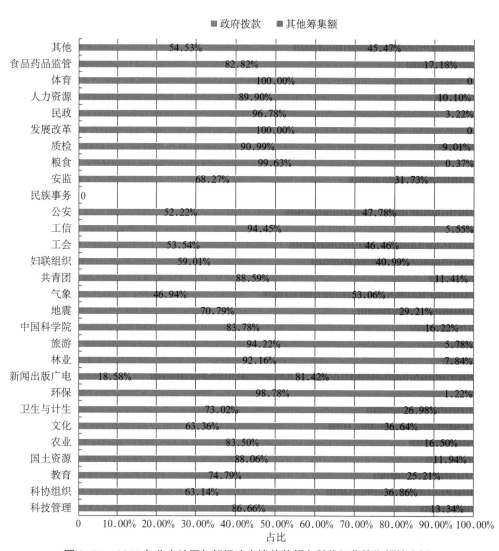

图 3-31　2015 年北京地区各部门政府拨款数额占科普经费筹集额的比例

各部门科普经费中社会参与程度依然较低。图 3-33 和图 3-34 反映出，社会捐赠在这 29 个部门系统的经费筹集额中所占的比例均较小，平均每个部门接受捐赠经费 44.72 万元，仅占经费筹集额的 0.61%。其中，中国科学院获得捐赠资金 1000 余万元，捐赠资金占筹集资金的 1.28%；教育部门获得 100 万以上的捐赠资金。

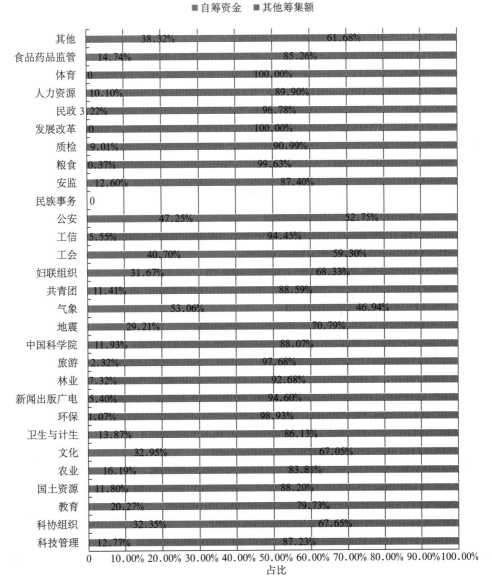

图 3-32　2015 年各部门自筹资金数额占科普经费筹集额的比例

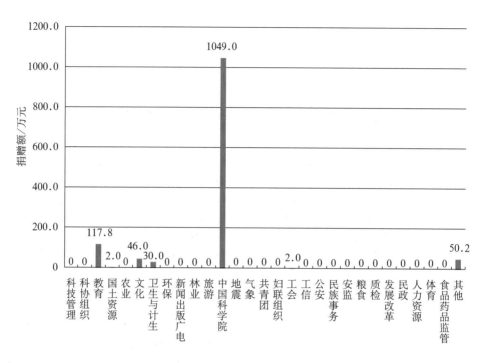

图 3-33　2015 年各部门社会捐赠数额

3.3.1.2　北京地区各部门科普经费使用

图 3-35、图 3-36、图 3-37 和图 3-38 为 2015 年北京地区各部门科普经费使用额及构成情况。由此可见，科普活动支出是各部门科普经费中最主要的支出项目，同时，也反映出各部门科普经费使用情况各有侧重。

科普活动支出额超过科普经费使用额 50% 的有科技管理、科协组织、教育、国土资源、农业、文化、卫生与计生、中国科学院、地震、气象、共青团、工会、工信、公安、安监、粮食、质检、发展改革、民政、人力资源、体育、食品药品、其他 23 个部门（图 3-36），其中，工会、工信、质检和民政部门科普活动支出占科普经费使用额的比例达到 90% 以上。

科普场馆基建支出额超过科普经费使用额 20% 的有农业、林业、地震、妇联组织、发展改革、人力资源及其他部门（图 3-37）。其中，林业、妇联组织、发展改革部门超过 40%，人力资源部门超过 30%。

行政支出额超过科普经费使用额 10% 的有科协组织、卫生与计生、环保、中国科学院、地震、气象、妇联、粮食、体育和其他 10 个部门（图 3-38）。其中，粮食和环保部门行政支出占科普经费使用额 30% 以上。

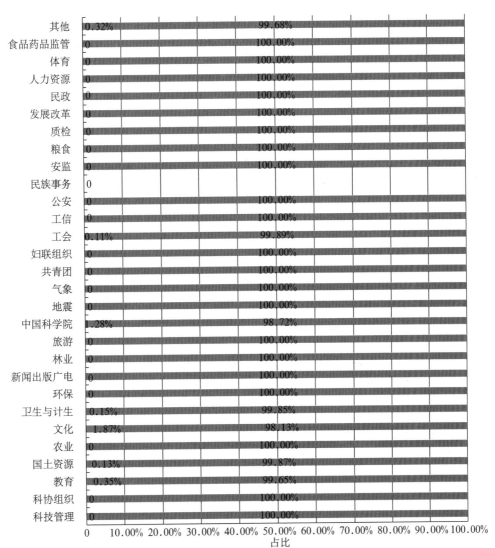

图 3-34　2015 年各部门社会捐赠数额占科普经费筹集额的比例

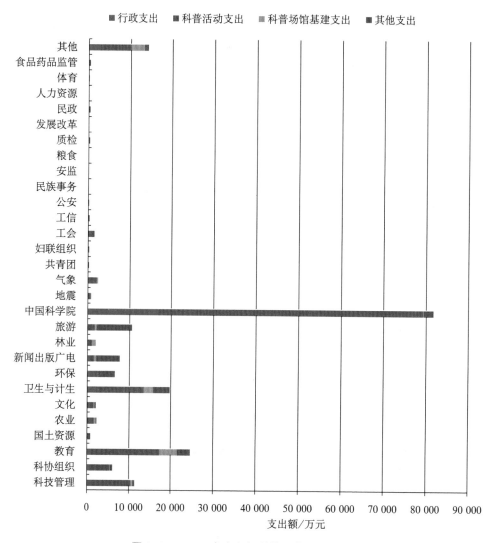

图 3-35 2015 年各部门科普经费使用额情况

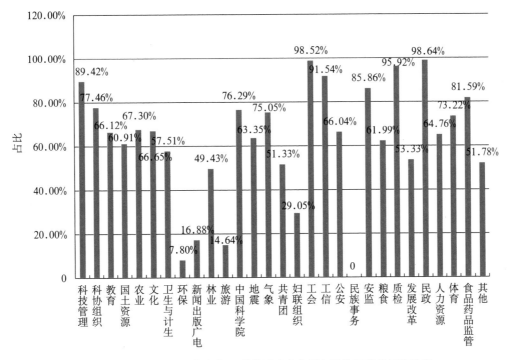

图 3-36 2015 年各部门科普活动支出额占科普经费使用额比例

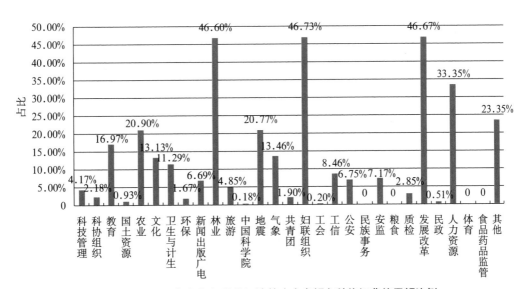

图 3-37 2015 年各部门科普场馆基建支出额占科普经费使用额比例

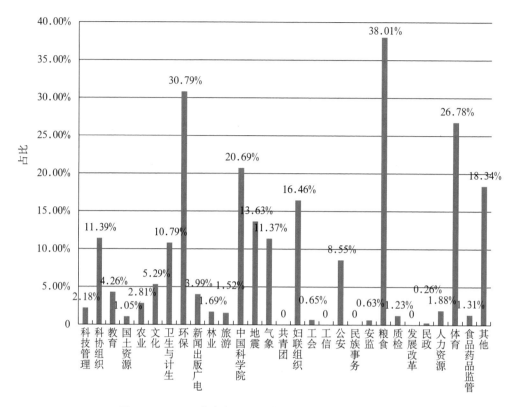

图 3-38　2015年各部门行政支出额占科普经费使用额比例

其他支出额超过科普经费使用额 10% 的有教育、国土资源、文化、卫生与计生、环保、新闻出版广电、旅游、共青团、公安和食品药品 10 个部门（图 3-39）。其中，旅游和新闻出版广电部门其他支出占科普经费使用额 70% 以上。

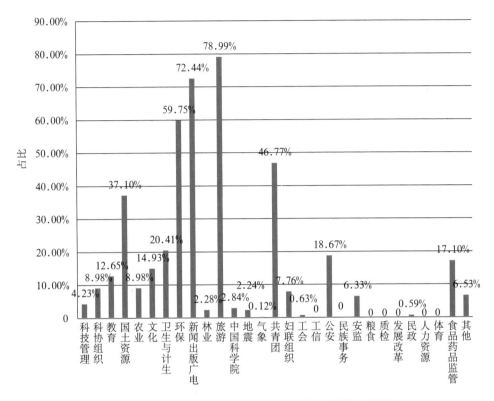

图 3-39 2015 年各部门其他支出额占科普经费使用额比例

3.3.2 北京市（不含中央在京单位）各部门科普经费筹集及使用

3.3.2.1 北京市各部门科普经费筹集

从北京市各部门的科普经费筹集额看，教育部门是最高的，教育部门 2015 年度科普经费筹集额达 33 079.8 万元。科普经费筹集额较高的部门还包括科技管理、科协组织、卫生与计生、旅游及其他部门（图 3-40）。

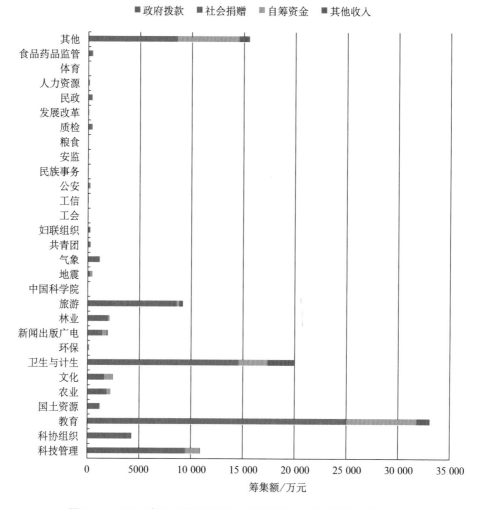

图 3-40　2015 年北京市 (不含中央在京单位) 各部门科普经费筹集额

　　图 3-41 反映了 2015 年北京市各部门科普经费筹集额的构成情况。在 27 个有科普经费筹集额的部门中，24 个部门政府拨款占科普经费筹集额的比例超过 50%，17 个部门超过 80%。这充分说明，北京市各部门科普经费筹集最主要的来源是政府拨款。

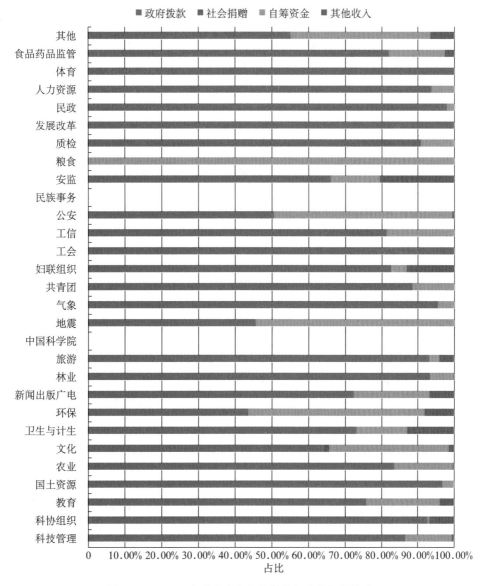

图 3-41　2015 年北京市各部门科普经费筹集额构成

　　自筹资金是北京市各部门科普经费筹集的另一个重要来源，各部门的科普经费筹集额中自筹资金占筹集资金的比值平均值为 17.42%。图 3-42 显示，有 9 个部门高于平均值。其中，环保、地震、公安、粮食部门自筹科普经费超过 40%。

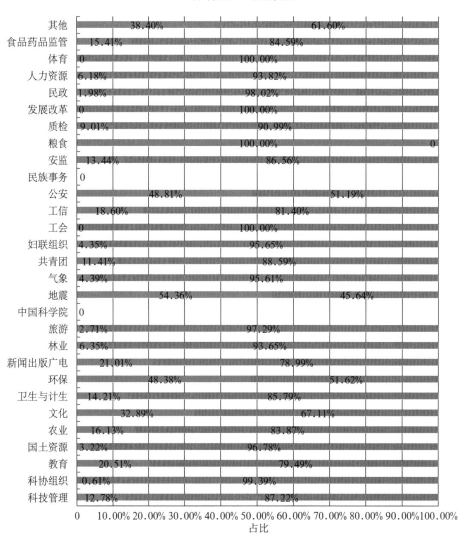

图 3-42 2015 年各部门自筹资金数额占科普经费筹集额的比例

北京市各部门科普经费筹集过程中社会参与程度依然较低。在 29 个部门中社会捐赠的经费筹集额中所占的比例均较小，其中仅教育、国土资源、文化、卫生与计生和其他部门有捐赠资金，这 5 个部门总捐赠资金为 224 万元，仅占科普经费筹集额的 0.21%。教育部门最高，为 107.8 万元。

3.3.2.2　北京市各部门科普经费使用

　　图 3-43、图 3-44、图 3-45 和图 3-46 为 2015 年北京市各部门科普经费使用额及构成情况。由此可见，北京市科普活动支出是各部门科普经费中最主要的支出项目，同时，也反映出各部门科普经费使用情况各有侧重。

　　科普活动支出额超过科普经费使用额 60% 的有科技管理、科协组织、教育、农业、文化、新闻出版广电、工会、公安、安监、质检、民政、体育和食品药品监管 13 个部门（图 3-44）。

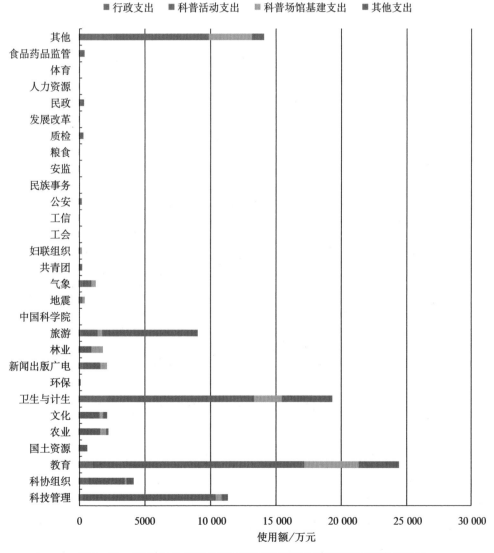

图 3-43　2015 年北京市（不含中央在京单位）各部门科普经费使用额

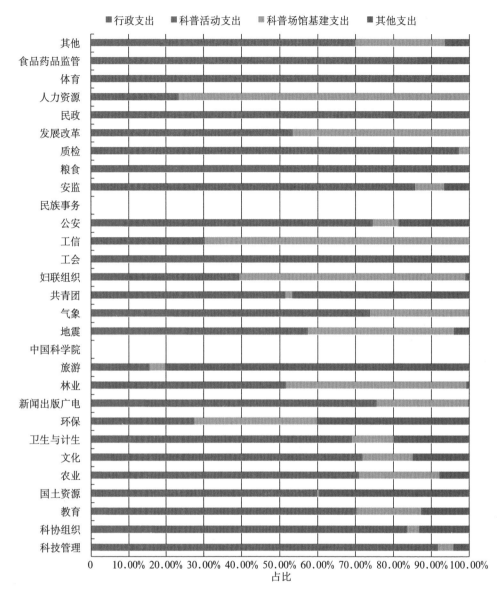

图 3-44　2015 年北京市各部门科普经费使用额构成

科普场馆基建支出额超过科普经费使用额 20% 的有农业、环保、新闻出版广电、林业、地震、气象、妇联组织、工信、发展改革、人力资源和其他 11 个部门（图 3-45）。其中，工信和人力资源部门超过 60%，林业、妇联和发展改革部门超过 40%。

行政支出额超过科普经费使用额 10% 的有科协组织、卫生与计生、新闻出版广电、地震、气象、妇联组织、工会、粮食和其他 9 个部门（图 3-46）。其中，地震、气象、工会和粮食部门行政支出额超过科普经费使用额 20%。

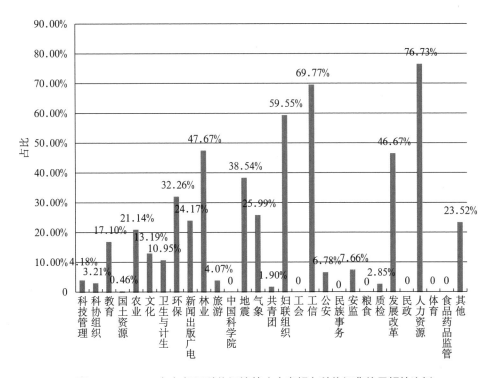

图 3-45 2015 年各部门科普场馆基建支出额占科普经费使用额的比例

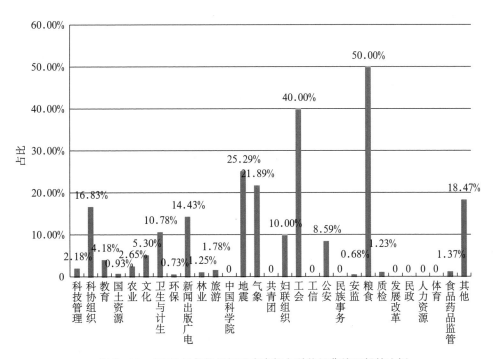

图 3-46 2015 年各部门行政支出额占科普经费使用额的比例

其他支出额超过科普经费使用额 20% 的有国土资源、卫生与计生、环保、旅游和共青团 5 个部门（图 3-47）。其中，旅游部门其他支出额超过科普经费使用额的 80%，环保和共青团部门其他支出额达到科普经费使用额的 40%，国土资源部门其他支出额超过科普经费使用额的 30%。

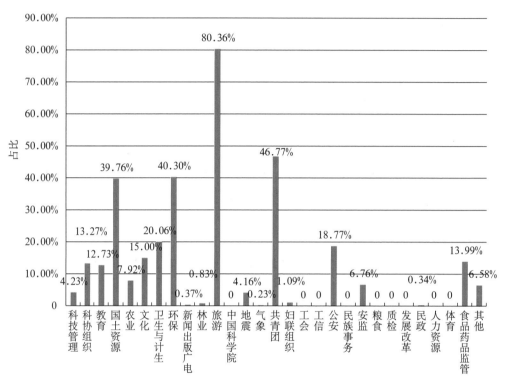

图 3-47　2015 年各部门科普其他支出额占科普经费使用额的比例

4 科普传媒

科普传媒是公众接受科学文化知识的一个重要途径。从科普知识载体的形式上分，科普传媒可以分为印刷媒介（包括图书、期刊、报纸），电化媒介（包括广播、电视），电子化媒介（主要包括音像制品）和网络媒介。

4.1 科普图书、期刊和科技类报纸

4.1.1 科普图书

2015 年北京地区出版科普图书 4595 种，比 2014 年的 3605 种增加 990 种。2015 年北京地区出版科普图书 73 344 594 册，比 2014 年的 27 954 275 册增加 45 390 319 册。北京地区单种图书平均发行量为 15 961.83 册。

图 4-1 和图 4-2 显示的是 2015 年度北京地区科普图书种数和科普图书发行册数的结构。如图所示，北京市属出版社出版科普图书种数和出版册数仅占北京地区的约 25%。主要原因是，北京市属出版社的数量和规模远远小于中央在京出版社。

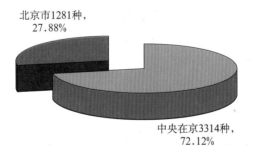

图 4-1　北京地区科普图书出版种数结构

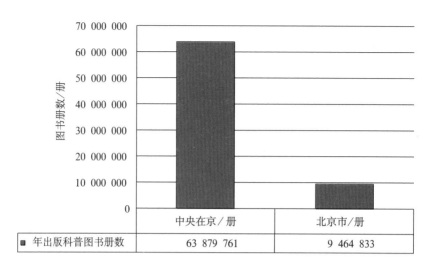

图 4-2　北京地区出版科普图书册数结构

图 4-3 和图 4-4 显示的是 2011—2015 年度北京地区科普图书出版种数和册数的对比情况。从图中可以看出，从 2011—2015 年，中央在京出版社的科普图书种数及发行册数基本呈平稳发展态势；北京市出版社科普图书种数，2011—2015 年呈逐年上升的趋势，2015 年增加到 1281 种，其发行量为 9 464 833 册，比 2014 年的 8 815 500 册增加了 649 333 册。

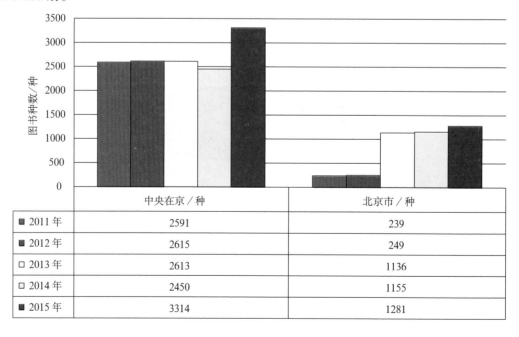

图 4-3　2011—2015 年中央在京、北京市科普图书出版种数对比

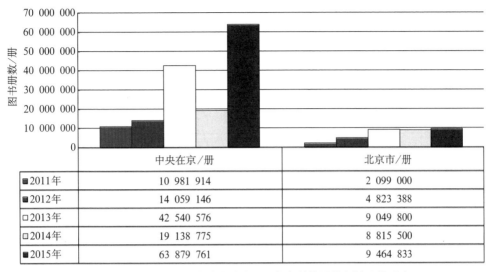

	中央在京/册	北京市/册
■2011年	10 981 914	2 099 000
■2012年	14 059 146	4 823 388
□2013年	42 540 576	9 049 800
□2014年	19 138 775	8 815 500
■2015年	63 879 761	9 464 833

图4-4　2011—2014年中央在京、北京市科普图书出版册数对比

4.1.2　科普期刊

如表4-1所示，近年来，无论是出版种数与出版总册数，还是单种科普期刊平均发行册数，北京地区科普期刊出版业主要集中于中央在京单位。从2011—2015年，中央在京科普期刊机构科普期刊出版种数、出版册数、每种期刊出版册数明显多于北京市科普期刊出版机构。5年平均中央在京科普期刊出版机构出版科普期刊总种数、出刊总册数分别占北京地区的72.55%、86.83%。

表4-1　2011—2015年北京地区科普期刊出版情况

	年份	中央在京	北京市	北京地区	中央在京占北京地区的比例/%
出版种数/种	2011年	50	30	80	62.50
	2012年	53	28	81	65.43
	2013年	56	11	67	83.58
	2014年	59	9	68	86.76
	2015年	86	37	123	69.92
	5年平均	60.8	23	83.8	72.55
出版总册数/万册	2011年	2610	432	3042	85.80
	2012年	3838	614	4452	86.21
	2013年	4010	345	4355	92.08
	2014年	1164	215	1379	84.41
	2015年	1535	390	1925	79.74
	5年平均	2631.4	399.2	3030.6	86.83

续表

	年份	中央在京	北京市	北京地区	中央在京占北京地区的比例 /%
平均每种期刊出版册数 /（万册 / 种）	2011 年	52.20	14.40	38.03	62.50
	2012 年	72.42	21.93	54.96	65.43
	2013 年	71.61	31.36	65.00	83.58
	2014 年	19.73	23.89	20.28	86.76
	2015 年	17.85	10.54	15.65	69.92
	5 年平均	46.76	20.42	38.78	72.55

图 4-5 与图 4-6 显示，北京地区科普期刊发行种数上升趋势，主要是由于中央在京单位科普期刊种数的增加，北京地区出版的科普期刊也有所增加，导致中央在京单位出版的科普期刊占北京地区科普期刊总数的比例略微下降，2015 年约为 70%。

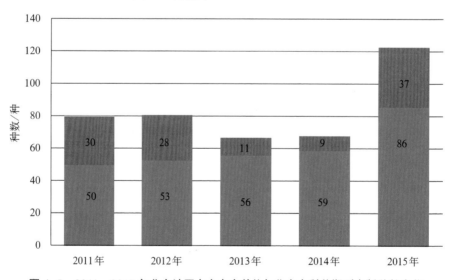

图 4-5　2011—2015 年北京地区中央在京单位与北京市科普期刊出版种数变化

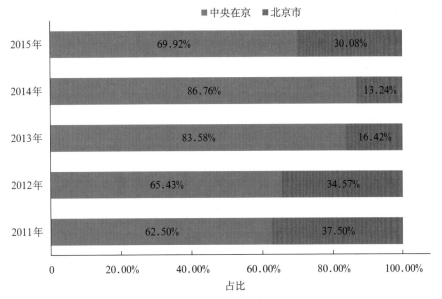

图 4-6　2011—2015 年中央在京单位出版科普期刊种数占北京地区的比例变化

　　如图 4-7 所示，北京地区科普期刊发行份数呈从低到高，再由高到低，再到高的波浪式发展，2014 年达到 5 年来最低，科普期刊发行数量从 2011 年的 3000 余万册下降到 2014 年的 1000 余万册，2015 年又略微上涨到近 2000 册。

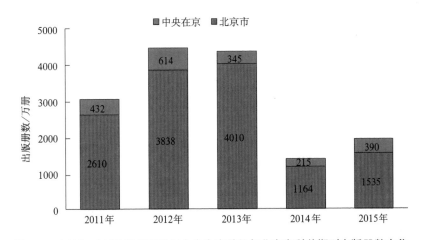

图 4-7　2011—2015 年北京地区中央在京单位与北京市科普期刊出版册数变化

　　北京地区科普期刊出版从部门分布上看（图 4-8，图 4-9），科技管理部门最多达 14 种，超过 5 种科普期刊出版部门的还有中国科学院、卫生与计生、环保、国土资源和工会。部门期刊发行册数最高的是中国科学院，发行量达 1016.08 万册，每种期刊发行

量为 112.9 万册。卫生与计生部门科普期刊发行册数达到 163.86 万册，每种期刊发行量
为 18.21 万册。

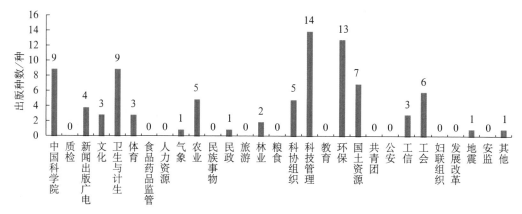

图 4-8　北京地区各部门科普期刊出版种数

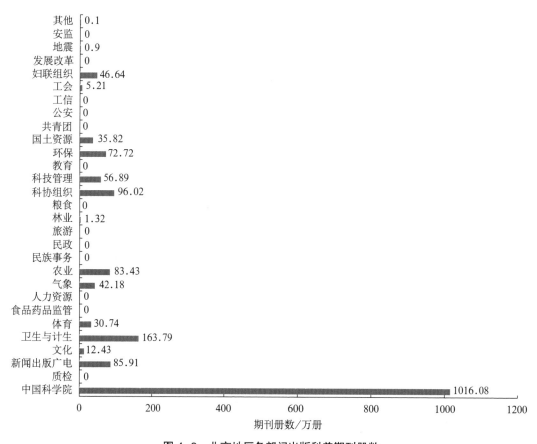

图 4-9　北京地区各部门出版科普期刊册数

4.1.3 科技类报纸

从表 4-2 可以看出，2015 年北京地区科技类报纸发行量比 2014 年增加。

表 4-2　2009—2013 年北京地区科技类报纸发行情况

	年份	中央在京	北京市	北京地区
发行总份数 / 万册	2010 年	7646.61	80	7726.61
	2011 年	4991.93	67	5058.93
	2012 年	5501.06	70	5571.06
	2013 年	7002.33	50	7052.33
	2014 年	2135.6	50	2185.6
	2015 年	2810	9245	12 055

4.2　电台、电视台科普（技）节目

科普（技）节目是指电台、电视台播出的面向社会大众的以普及科技知识、倡导科学方法、传播科学思想、弘扬科学精神为主要目的的节目。科普（技）电视节目和科普（技）广播节目具有传播范围广、传播信息及时和生动等特点，是开展科普宣传的重要传播渠道，具有不可替代的作用。

4.2.1　电台科普（技）节目

2015 年北京地区广播电台共播出科普（技）节目为 16 247 小时，比 2014 年的 9885 小时增加 6362 小时。其中，中央在京广播电台播出科普（技）节目为 11 573 小时，比 2014 年的 8730 小时增加 2834 小时；北京市电台播出科普（技）节目为 4674 小时，比 2014 年的 1155 小时增加 3519 小时（图 4-10）。

图 4-11 显示，2010—2015 年北京地区中央在京、北京市电台播出科普（技）节目时间所占比重变化，中央在京电台播出科普（技）节目的时间在北京地区播出略有下滑，由 2014 年的 88.32% 下降到 2015 年的 71.23%。

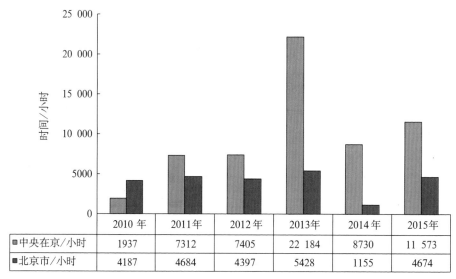

	2010 年	2011年	2012年	2013年	2014年	2015年
■中央在京/小时	1937	7312	7405	22 184	8730	11 573
■北京市/小时	4187	4684	4397	5428	1155	4674

图 4-10　2010—2015 年中央在京、北京市电台播出科普（技）节目时间对比

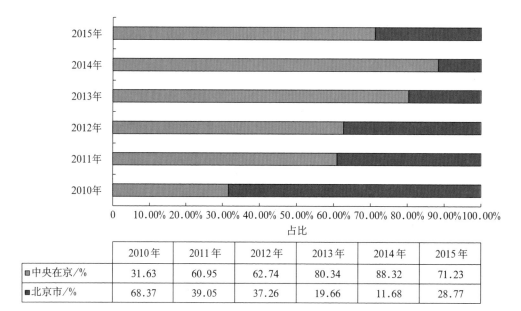

	2010年	2011年	2012年	2013年	2014年	2015年
■中央在京/%	31.63	60.95	62.74	80.34	88.32	71.23
■北京市/%	68.37	39.05	37.26	19.66	11.68	28.77

图 4-11　2010—2015 年中央在京、北京市电台播出科普（技）节目时间所占比重变化

4.2.2　电视台科普（技）节目

　　2015 年北京地区电视台共播出科普（技）节目时间 18 840 小时，比 2014 年统计结果的 8822 小时增加 10 018 小时，主要是由于北京市单位的贡献。自 2010 年以来，北京市属和区属电视台播出科普（技）节目时间基本平稳增长（图 4-12）。

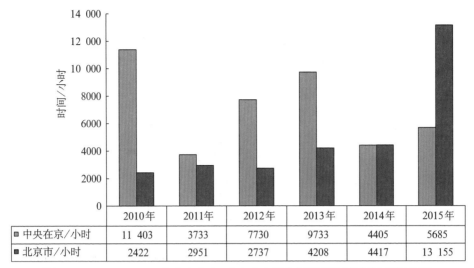

图 4-12　2010—2015 年中央在京、北京市电视台播出科普（技）节目时间对比

	2010年	2011年	2012年	2013年	2014年	2015年
■ 中央在京/小时	11 403	3733	7730	9733	4405	5685
■ 北京市/小时	2422	2951	2737	4208	4417	13 155

图 4-13 显示，2010—2015 年中央在京、北京市电视台播出科普（技）节目时间所比重变化，北京市及区电视台播出科普（技）节目的时间在北京地区播出的比重逐年上升，已由 2010 年的 17.52% 上升到 2015 年的 69.82%。

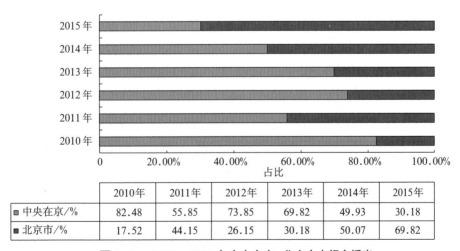

	2010年	2011年	2012年	2013年	2014年	2015年
■ 中央在京/%	82.48	55.85	73.85	69.82	49.93	30.18
■ 北京市/%	17.52	44.15	26.15	30.18	50.07	69.82

图 4-13　2010—2015 年中央在京、北京市电视台播出

4.3　科普音像制品及网站

4.3.1　科普音像制品

2015 年北京地区共出版各类科普音像制品 253 种，比 2014 年统计结果 71 种增加

182 种。其中，中央在京单位出版 90 种，比 2014 年的 25 种增加 65 种；北京市单位出版 163 种，比 2014 年的 46 种增加 117 种（图 4-14）。

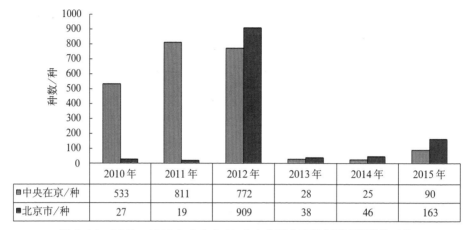

	2010年	2011年	2012年	2013年	2014年	2015年
中央在京/种	533	811	772	28	25	90
北京市/种	27	19	909	38	46	163

图 4-14　2010—2015 年中央在京、北京市科普音像制品出版种数对比

2015 年北京地区共出版各类科普音像制品 129.18 万册，比 2014 年统计结果 24.89 万册增加了 104.29 万册。其中，中央在京单位出版 29.06 万册，北京市单位出版 100.12 万册，增加出版册数主要是由北京市单位贡献（图 4-15）。

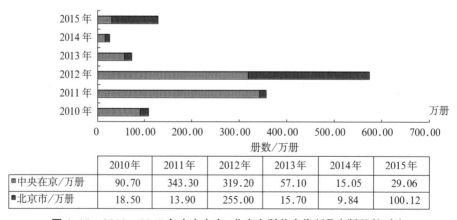

	2010年	2011年	2012年	2013年	2014年	2015年
中央在京/万册	90.70	343.30	319.20	57.10	15.05	29.06
北京市/万册	18.50	13.90	255.00	15.70	9.84	100.12

图 4-15　2010—2015 年中央在京、北京市科普音像制品出版册数对比

4.3.2　科普网站

科普网站是指由政府财政投资建设的专业科普网站，政府机关的电子政务网站不在统计范围之内。

从图 4-16 可以看出，北京地区各层级科普网站发展平稳，截至 2015 年，北京地区科普网站总数达到 343 个，其中，中央在京单位建立科普网站 128 个，市属单位建立科普网站 107 个，区属单位建立科普网站 108 个。

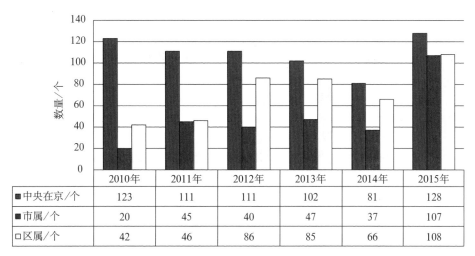

	2010年	2011年	2012年	2013年	2014年	2015年
■中央在京/个	123	111	111	102	81	128
■市属/个	20	45	40	47	37	107
□区属/个	42	46	86	85	66	108

图 4-16　2010—2015 年北京地区科普网站数量变化

从北京地区科普网站数量的 4 个功能区对比可以发现，首都功能核心区和城市功能拓展区拥有北京地区 80% 的科普网站，与北京地区科普基地分布大致相同（图 4-17）。

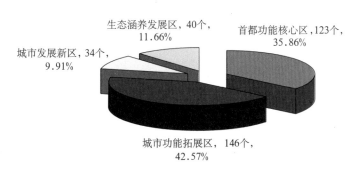

图 4-17　2015 年北京地区科普网站数量 4 个功能区对比

4.4　科普读物和资料

发放科普读物和资料指的是在科普活动中发放的科普性图书、手册、音像制品等正式和非正式出版物、资料。

如图4–18所示，北京地区各层级发放科普读物和资料，中央在京发放的比例最大，占北京地区的72.48%。

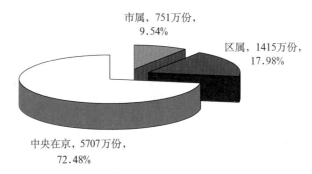

图4–18　2015年北京地区各层级发放科普读物和资料的数量及所占比例

如图4–19显示，2015年北京地区发放科普读物和资料排在前4位的区分别为海淀区、西城区、朝阳区和东城区，发放量分别为5708万份、441万份、242万份和219万份，这4个地区发放的科普读物和资料份数占北京地区总量的83.98%，其中海淀区一个区发放的科普读物和资料份数就占北京地区总量的72.52%。

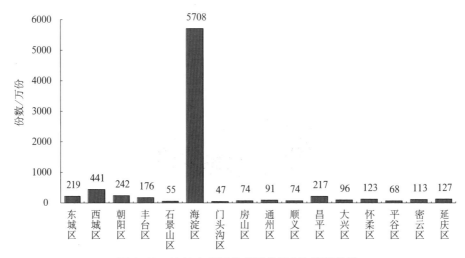

图4–19　2015年各区发放科普读物和资料份数

5 科普活动

科普活动是普及科学技术知识、倡导科学方法、传播科学思想、弘扬科学精神的社会活动。开展科普活动是推进科普工作的主要手段，是提高公民科学素质的重要途径，是培养科技后备人才的有效方式。《科普法》规定："公民有参与科普活动的权利。""科普是全社会的共同任务，社会各界都应当组织参加各类科普活动。"

5.1 整体概况

2015 年，北京地区举办科普（技）讲座 4.63 万次，吸引了 0.57 千万人次参加；北京地区举办科普（技）展览和科普（技）竞赛 0.86 万次，共吸引了 13.34 千万人次参加活动，占三类科普活动参加人次的 99.94%（表 5–1）。

表 5–1　2010—2015 年北京地区科普（技）讲座、展览和竞赛开展情况

活动类型	举办次数 / 万次						参加人次 / 千万人次					
	2010 年	2011 年	2012 年	2013 年	2014 年	2015 年	2010 年	2011 年	2012 年	2013 年	2014 年	2015 年
科普（技）讲座	4.55	5.18	6.3	5.06	4.89	4.63	0.66	1.1	1.04	0.65	0.56	0.57
科普（技）展览	0.52	0.29	0.53	0.59	0.49	0.52	1.92	2.24	2.9	3.32	3.97	4.87
科普（技）竞赛	0.33	0.33	0.38	0.33	0.3	0.34	0.69	8.31	6.07	0.51	6.5	8.46
合计	5.4	5.8	7.21	5.98	5.68	5.49	3.27	11.65	10.01	4.48	11.03	13.9

2015 年，科普（技）讲座的平均参加人次为 122 人次，比 2014 年多了 7.30 人次。科普（技）展览和竞赛活动的平均参加人次分别为 9422.89 人次和 25 174.74 人次，分别比 2014 年的 8102.04 人次和 21 666.67 人次增加了 1320.85 人次和 3508.07 人次。

5.2 科普（技）讲座、展览和竞赛

5.2.1 科普（技）讲座

2015 年，科普（技）讲座举办次数比 2014 年减少 0.26 万次，降幅为 5.22%。从层

级来看，2015 年中央在京单位举办次数在总举办次数中的比重下降 2.25%，市属单位提高 1.22%，而区属单位提高 1.03%。参加人次 2015 年中央在京单位举办的科普讲座参加人次所占比例从 2014 年的 12.35% 下降到 8.87%，同时市属举办的科普讲座参加人次所占比例从 2014 年的 33.11% 下降到 21.14%。因此，与 2014 年相比，北京地区科普讲座参加人次下降幅度较大，主要原因是市属单位的参加人次大幅减少（图 5-1，图 5-2）。

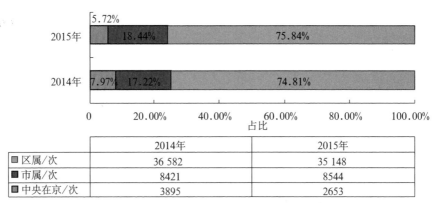

	2014年	2015年
▦ 区属/次	36 582	35 148
■ 市属/次	8421	8544
▤ 中央在京/次	3895	2653

图 5-1　2014—2015 年北京地区各层级举办科普讲座的次数及所占比例

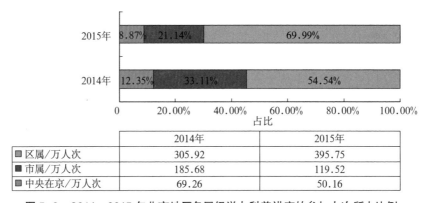

	2014年	2015年
▦ 区属/万人次	305.92	395.75
■ 市属/万人次	185.68	119.52
▤ 中央在京/万人次	69.26	50.16

图 5-2　2014—2015 年北京地区各层级举办科普讲座的参加人次所占比例

　　从北京地区各功能区来看，2015 年城市功能拓展区的科普（技）讲座举办次数与参加人次最多，分别达到 1.62 万次和 213.44 万人次，分别占 2015 年北京地区举办科普（技）讲座次数的 34.93%、参加人次的 37.75%（图 5-3，图 5-4）。

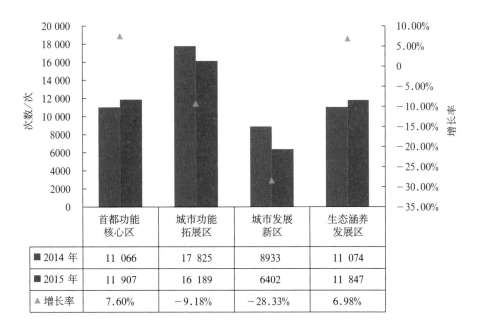

	首都功能 核心区	城市功能 拓展区	城市发展 新区	生态涵养 发展区
■ 2014 年	11 066	17 825	8933	11 074
■ 2015 年	11 907	16 189	6402	11 847
▲ 增长率	7.60%	−9.18%	−28.33%	6.98%

图 5-3　2014—2015 年 4 个功能区科普（技）讲座举办次数及增长率

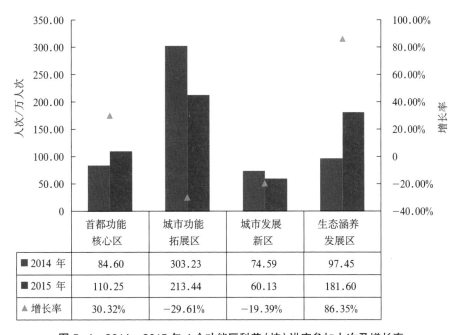

	首都功能 核心区	城市功能 拓展区	城市发展 新区	生态涵养 发展区
■ 2014 年	84.60	303.23	74.59	97.45
■ 2015 年	110.25	213.44	60.13	181.60
▲ 增长率	30.32%	−29.61%	−19.39%	86.35%

图 5-4　2014—2015 年 4 个功能区科普（技）讲座参加人次及增长率

从部门来看，卫生与计生部门举办科普（技）讲座次数和参加人次均居首位。其中，举办次数1.76万余次，占北京地区科普（技）讲座次数的37.97%；参加人次126.21万人次，占北京地区科普（技）讲座参加人次的22.32%。包含16个区乡镇、街道在内的其他部门举办科普（技）讲座近9777次，占北京地区科普（技）讲座次数的21.10%，仅次于卫生与计生部门，吸引89.15万人次参加，占北京地区科普（技）讲座参加人次的15.77%。科协组织举办科普（技）讲座3488次，在各部门中居第3位，参加人次居第4位，达到75.74万人次，占北京地区科普（技）讲座参加人次的13.40%（图5-5）。

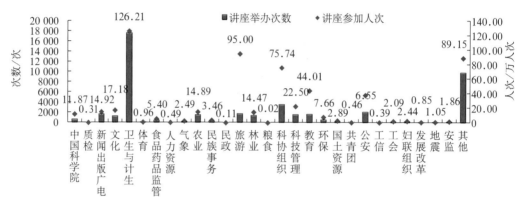

图5-5　2015年各部门科普（技）讲座举办次数及参加人次比较

从各区来看，2015年举办科普（技）讲座次数居前5位的区分别是：朝阳区、东城区、密云区、西城区、海淀区。其中，朝阳区以7248次高居榜首，东城区和密云区分别以6573次和5381次居第2位和第3位（图5-6）。

从各区来看，2015年科普（技）讲座参加人次居前5位的区分别是：密云区、海淀区、朝阳区、西城区、东城区，除西城区和东城区外均在80万人次以上。东城区、西城区、朝阳区、石景山区、门头沟区、房山区、怀柔区和密云区8个区科普（技）讲座参加人数呈正增长，密云区的增幅最大，比2014年增长了231.41%，达到119.11万人次的参加规模。但总体上，北京地区还有8个区的科普（技）讲座参加人次比2014年减少。其中，丰台区和通州区的降幅最大，分别减少了81.92%和40.44%（图5-7）。

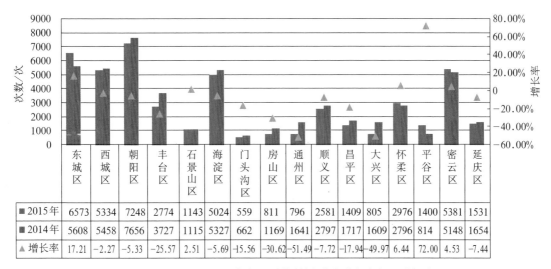

图 5-6　2014—2015 年各区科普（技）讲座举办次数及增长率

	东城区	西城区	朝阳区	丰台区	石景山区	海淀区	门头沟区	房山区	通州区	顺义区	昌平区	大兴区	怀柔区	平谷区	密云区	延庆区
■2015年	6573	5334	7248	2774	1143	5024	559	811	796	2581	1409	805	2976	1400	5381	1531
■2014年	5608	5458	7656	3727	1115	5327	662	1169	1641	2797	1717	1609	2796	814	5148	1654
▲增长率	17.21	-2.27	-5.33	-25.57	2.51	-5.69	-15.56	-30.62	-51.49	-7.72	-17.94	-49.97	6.44	72.00	4.53	-7.44

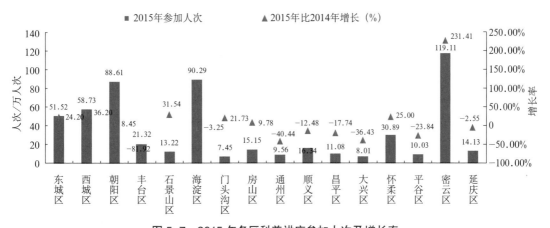

图 5-7　2015 年各区科普讲座参加人次及增长率

每万人口参加科普讲座人次前5位的区为：密云区、怀柔区、东城区、延庆区、朝阳区。其中，首都功能核心区有1个区入选，城市功能拓展区有1个区入选，生态涵养发展区有3个区入选。密云区、怀柔区、东城区的每万人口参加人次各达到28千人次、11千人次、5.3千人次，分列第1名、第2名和第3名（图5-8）。

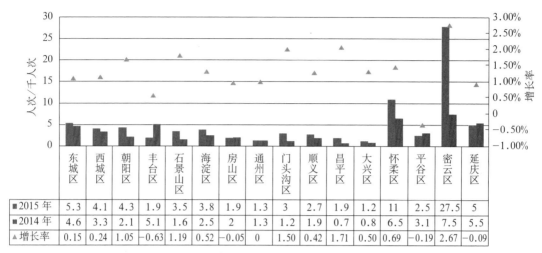

	东城区	西城区	朝阳区	丰台区	石景山区	海淀区	房山区	通州区	门头沟区	顺义区	昌平区	大兴区	怀柔区	平谷区	密云区	延庆区
■2015年	5.3	4.1	4.3	1.9	3.5	3.8	1.9	1.3	3	2.7	1.9	1.2	11	2.5	27.5	5
■2014年	4.6	3.3	2.1	5.1	1.6	2.5	2	1.3	1.2	1.9	0.7	0.8	6.5	3.1	7.5	5.5
▲增长率	0.15	0.24	1.05	-0.63	1.19	0.52	-0.05	0	1.50	0.42	1.71	0.50	0.69	-0.19	2.67	-0.09

图 5-8　2014—2015 年各区每万人口参加科普讲座人次及增长率

5.2.2　科普（技）展览

2015 年北京地区共举办科普（技）展览 5170 次，比 2014 年的 4935 次增加 235 次，而参观人次从 2014 年的 3968.52 万人次增加到 4872.63 万人次。从层级来看，与 2014 年相比，2015 年中央在京和区属单位举办科普（技）展览次数均增加，市属单位减少，导致各层级所占比例发生了变化，中央在京单位增加了 3.58 个百分点，市属单位和区属单位分别下降 3.21 个百分点和 0.37 个百分点。中央在京单位、市属和区属单位举办展览的参观人次分别增加 53.19 万人次、825.44 万人次和 25.48 万人次，导致 2015 年举办的科普（技）展览参观人次所占比例发生较大变化：中央在京单位从 2014 年的 64.47% 减少到 53.60%，区属单位从 2014 年的 8.81% 减少到 7.70%，而市属单位从 2014 年的 26.73% 增加到 38.71%（图 5-9，图 5-10）。

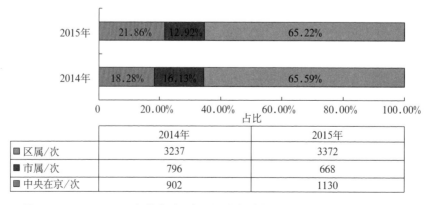

	2014年	2015年
■区属/次	3237	3372
■市属/次	796	668
■中央在京/次	902	1130

图 5-9　2014—2015 年北京地区各层级举办科普（技）展览的次数及所占比例

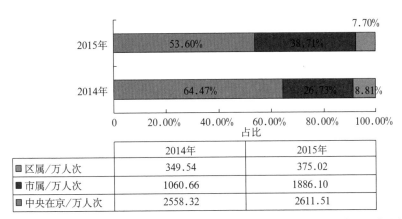

	2014年	2015年
区属/万人次	349.54	375.02
市属/万人次	1060.66	1886.10
中央在京/万人次	2558.32	2611.51

图 5-10　2014—2015 年北京地区各层级举办科普（技）展览的参观人次及所占比例

　　从北京地区各部门来看，2015 年，举办科普（技）展览吸引参观人次超百万的是工会部门，是最多的部门，吸引 8216.25 万人次参观。举办科普（技）展览次数较多的有科技管理、教育、科协组织等部门，其中，科技管理部门吸引 79.30 万人次参观（图5-11）。

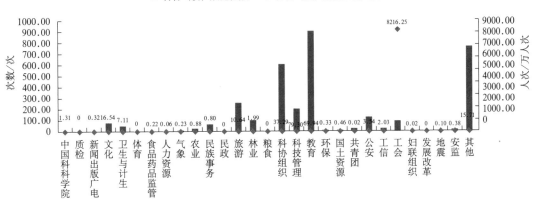

图 5-11　2015 年北京地区各部门科普（技）展览举办次数及参观人次

　　从北京地区 16 个区举办科普（技）展览的地域分布来看，2015 年北京地区单位在海淀区、怀柔区、西城区、朝阳区和东城区五个区举办科普（技）展览次数较多，总次数达 3810 次，占总次数的 73.69%；吸引参观人次达 4506.50 万人次，占总参观人次的92.50%（图 5-12）。

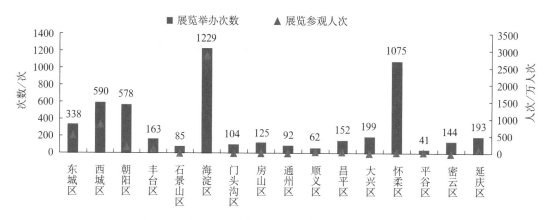

图 5-12　2015 年北京地区各区科普（技）展览举办次数及参观人次

5.2.3　科普（技）竞赛

2015 年科普（技）竞赛举办次数比 2014 年增加了 327 次，参加人次比 2014 年增加 1965.34 万人次。从层级来看，与 2014 年相比，2015 年市属单位和区属单位科普（技）竞赛举办次数均有所增加，分别增加 229 次、231 次；中央在京单位科普（技）竞赛举办次数减少 133 次；区属及市属单位和中央在京的参加人次分别增加了 37.93 万人次、51.55 万人次和 1875.86 万人次。导致 2015 年举办的科普（技）竞赛参加人次所占比例发生重大变化：中央在京单位从 2014 年的 97.77% 减少到 97.23%，区属单位和市属单位分别从 2014 年的 1.63% 和 0.60% 增加到 1.70% 和 1.07%（图 5-13，图 5-14）。

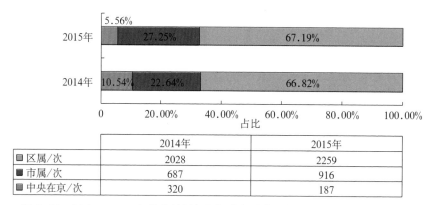

	2014年	2015年
区属/次	2028	2259
市属/次	687	916
中央在京/次	320	187

图 5-13　2014—2015 年北京地区各层级举办科普（技）竞赛的次数及所占比例

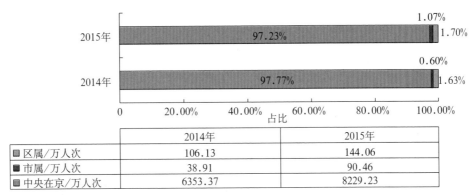

	2014年	2015年
□ 区属/万人次	106.13	144.06
■ 市属/万人次	38.91	90.46
■ 中央在京/万人次	6353.37	8229.23

图 5-14　2014—2015 年北京地区各层级举办科普（技）竞赛的参加人数及所占比例

从以上统计数据不难看出，中央在京单位统计数据包含了国家管理部门开展某项科技竞赛的全国数据，不足以反映北京市的基本情况。因此，以下分析以北京市的数据为基础数据。

从各部门统计数据来看，2015 年，科协组织具有领先优势，在科普（技）竞赛举办次数上排名第 1 位，共开展科普（技）竞赛 76 次，占北京市总数的 2.3%，吸引了 1603 人次参加。教育、体育、卫生与计生、其他部门、科技管理 5 部门举办的科普（技）竞赛次数和参加人次之和，分别占北京市的 25.62% 和 56.42%（图 5-15）。

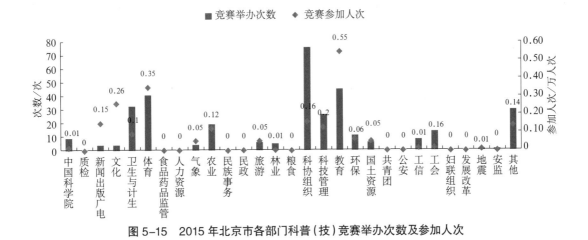

图 5-15　2015 年北京市各部门科普（技）竞赛举办次数及参加人次

从各区统计数据来看，2015 年科普（技）竞赛参加人次排名前 6 位的区是：西城区、朝阳区、东城区、海淀区、密云区和怀柔区。其中，首都功能核心区占 2 席，城市功能拓展区占 2 席，生态涵养发展区占 2 席。以上 6 个区科普（技）竞赛参加人次占北京地区参加总人次的 99.66%。排在前 3 位的西城区、朝阳区和东城区组织公众参加科普（技）

竞赛活动分数达到 8232.34 万人次、73.82 万人次和 63.39 万人次（图 5-16）。

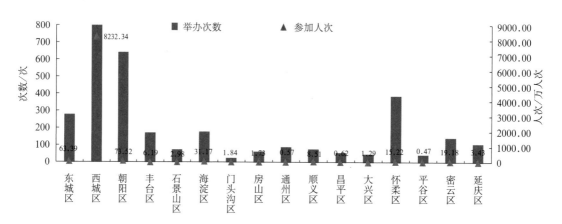

图 5-16　2015 年北京市各区科普（技）竞赛参加人次情况

5.3　青少年科普活动

5.3.1　青少年科普活动概况

2015 年北京地区青少年科普活动开展情况如表 5-2 所示，与 2014 年相比，成立青少年科技兴趣小组个数大幅减少 4.74%，由 3310 个减少到 3153 个，但参加人数增加幅度减少为 5.75%；举办科技夏（冬）令营 1281 次，参加人次为 209 839 人次，分别同比上升 21.08% 和 54.93%。

表 5-2　2013—2014 年青少年科普活动开展情况

活动类型	举办次（个）数			参加人次		
	2014 年 /（次/个）	2015 年 /（次/个）	增长率 /%*	2014 年 /人次	2015 年 /人次	增长率 /%*
青少年科技兴趣小组	3310	3153	4.74	350 641	370 798	5.75
科技夏（冬）令营	1058	1281	21.08	135 440	209 839	54.93

*增长率以四舍五入前的数值计算得出，结果可能与用四舍五入后的数值计算有差异。

5.3.2　青少年科技兴趣小组

2015 年，各层级青少年科技兴趣小组参加人次除市属单位减少之外，区属及中央在

京单位均有所增长。其中，中央在京单位增长了 0.04%，区属相关单位增长了 5.94%，而
市属下降了 5.98%（图 5-17）。

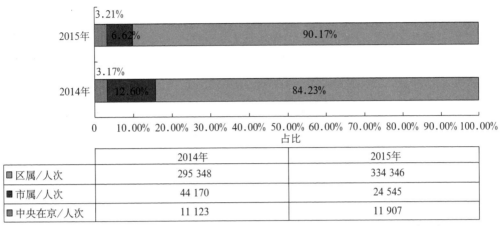

	2014年	2015年
▨ 区属/人次	295 348	334 346
■ 市属/人次	44 170	24 545
▨ 中央在京/人次	11 123	11 907

图 5-17　2014—2015 年北京地区各层级青少年科技兴趣小组参加人次及所占比例

从各区来看，2015 年，北京市相关单位（不含中央在京单位）开展青少年科技兴趣
小组数量最多的前 7 个区是：西城区、丰台区、朝阳区、海淀区、怀柔区、房山区、东城区，
占 16 个区开展总数的 79.16%，共吸引青少年 1.53 万人次参加活动，占参加科技兴趣小
组活动人次的 68.37%（图 5-18）。

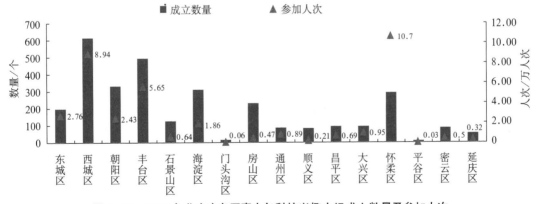

图 5-18　2015 年北京市各区青少年科技兴趣小组成立数量及参加人次

5.3.3　科技夏（冬）令营

从层级来看，2015 年各层级组织开阵的科技夏（冬）令营活动次数均有不同程度
的增加。其中，中央在京单位、市属单位和区属单位组织开展活动的次数分别增加了 46

次、139 次和 38 次。同时，各层级结构发生了如下变化：中央在京单位、市属单位和区属单位组织开展的科技夏（冬）令营活动所占比重分别由 2014 年的 20.32%、18.24% 和 61.44%，变化为 2015 年的 20.37%、25.92% 和 53.71%（图 5-19）。

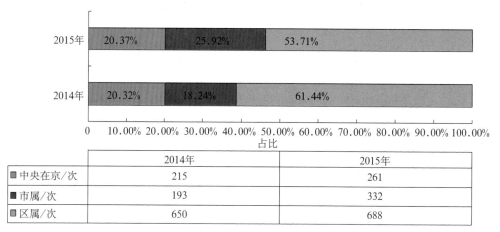

	2014年	2015年
■中央在京/次	215	261
■市属/次	193	332
□区属/次	650	688

图 5-19　2014—2015 年北京地区各层级科技夏（冬）令营活动举办次数及所占比例

2015 年，中央在京、市属和区属单位组织参加科技夏（冬）令营活动的人次均有增加，但增长幅度不均衡导致结构比例发生变化。其中，区属单位由 2014 年的 70.75% 增加到 71.57%，市属单位由 2014 年的 6.39% 增加到 6.70%，中央在京单位由 2014 年的 22.85% 下降到 21.73%（图 5-20）。

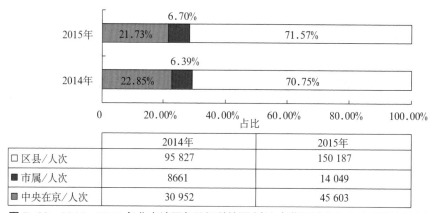

	2014年	2015年
□区县/人次	95 827	150 187
■市属/人次	8661	14 049
■中央在京/人次	30 952	45 603

图 5-20　2014—2015 年北京地区各层级科技夏（冬）令营活动参加人次及所占比例

　　从各区来看，2014 年，北京地区各区组织的科技夏（冬）令营举办次数最多的前 7 个区是：怀柔区、西城区、海淀区、东城区、朝阳区、昌平区、丰台区，占 16 个区开展总数的 86.73%，共吸引青少年 14.73 万人次参加活动，占参加科技兴趣小组活动人次的 70.21%（图 5-21）。

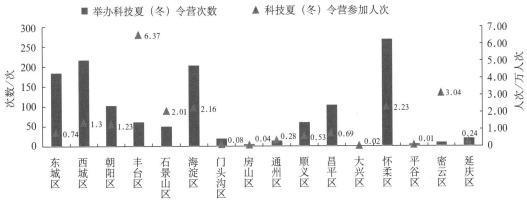

图 5-21　2015 年北京地区各区科技夏（冬）令营举办次数和参加人次

从北京地区各部门来看，2015 年，其他部门、旅游部门、妇联组织、教育部门、中国科学院、科技管理六大部门的科技夏（冬）令营举办次数位居前 6 位。这六大部门举办科技夏（冬）令营吸引总人次占北京地区的 75.96%（图 5-22）。

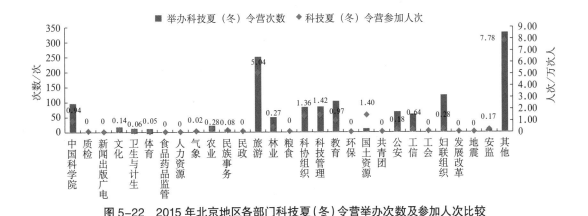

图 5-22　2015 年北京地区各部门科技夏（冬）令营举办次数及参加人次比较

5.4　大学、科研机构向社会开放情况

根据科技部等七部委发布的《关于科研机构和大学向社会开展科普活动的若干意见》，发动具备条件的科研机构、大学、实验室向公众开放。通过组织公众参观科研机构，参与科研实践活动，增进公众对科学技术的兴趣和理解，提高公民科学素质。

从部门来看，2015 年，工信部门开放单位个数最多，为 80 个，中国科学院开放单位个数排第 2 位，为 76 个，参观人次为 4.72 万人次，参观人次居第 2 位。开放活动参观人次最多的是科技管理部门，有 5.05 万人次参观了这家单位（图 5-24）。

2015 年，北京地区共有 523 个大学、科研机构向社会开放，比 2014 年的 569 个减少了 46 个，吸引了 491 895 人次参观，平均每个开放范围接待参观人次为 940.53 人次，比 2014 年的 868.51 人次增加 72.02 人次，增幅为 8.29%。

从各区来看，开放活动参观人次最多的前 3 个区是：海淀区、朝阳区和东城区，参观人次分别是 29.83 万人次、6.47 万人次和 5.22 万人次。向社会开放单位数量最多的 4 个区是：东城区、海淀区、朝阳区、西城区。其中，东城区向社会开放的单位数量达到 200 个，占北京地区开放单位总数的 38.24%（图 5-23）。

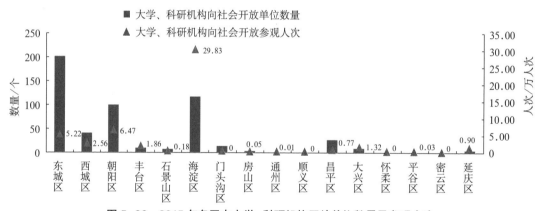

图 5-23　2015 年各区内大学、科研机构开放单位数量及参观人次

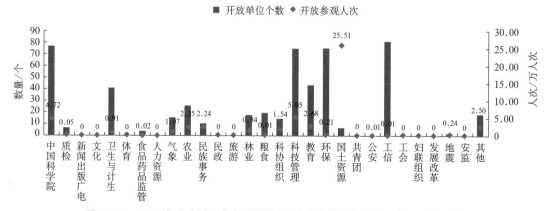

图 5-24　2015 年北京地区各部门科技夏（冬）令营举办次数及参观人次比较

5.5　科普国际交流

　　科普国际交流是指国内科普机构和个人与外国及境外地区开展的有关科普访问、接待、展览、培训、研讨等形式的交流活动。2015 年，北京地区共举办科普国际交流 345 次，比 2014 年的 356 次减少 3.09%，参加人次为 22 380 人次，同比增长 33.92%。从地区来看，举办科普国际交流活动最活跃的是城市功能拓展区和首都功能核心区，2015 年共举办 289 次，16 877 人次参加；生态涵养发展区仅举办国际交流活动 13 次，吸引 594 人次参加，在活动次数和参加人次上均是 4 个功能区中最少的（图 5-25）。

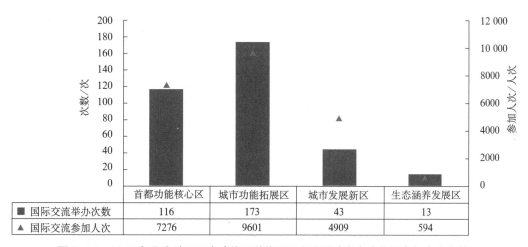

	首都功能核心区	城市功能拓展区	城市发展新区	生态涵养发展区
■ 国际交流举办次数	116	173	43	13
▲ 国际交流参加人次	7276	9601	4909	594

图 5-25　2015 年北京地区四个功能区科普国际交流活动举办次数及参加人次比较

5.6　实用技术培训

　　2015 年，北京地区举办实用技术培训 1.43 万次，有 81.12 万人次参加，分别比 2014 年的 1.85 万次和 101.36 万人次减少了 22.70% 和 19.97%。实用技术培训主要集中在农业部门、卫生与计生部门、其他部门和科协组织，这 4 个部门的举办次数占北京地区总数的 75.80%，参加人次占北京地区总数的 72.25%（图 5-26）。

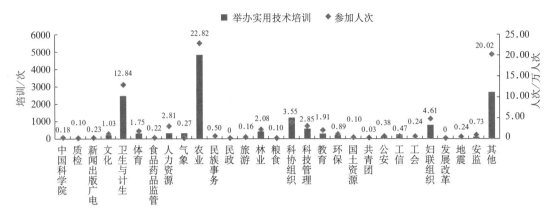

图 5-26　2015 年各部门实用技术培训举办次数及参加人次

6 创新创业中的科普

众创空间作为大众创业、万众创新的重要阵地和创新创业者的聚集地，在全国各地得到快速发展，并且不断迭代演进。在大众创业、万众创新的时代，众创空间成为科普活动的重要场地。政府应鼓励和引导众创空间等创新创业服务平台面向创业者和社会公众开展科普活动，支持创客参与科普产品的设计、研发和推广。2015年度全国科普统计首次对众创空间及"双创"中开展的培训、宣传等相关科普活动进行了统计。

6.1 众创空间

众创空间是顺应网络时代创新创业特点和需求，通过市场化机制、专业化服务和资本化途径构建的低成本、便利化、全要素、开放式的各类新型创业服务平台，是创新与创业相结合、线上与线下相结合、基础服务与增值服务相结合，满足不同创业者需求的工作空间、网络空间、社交空间和资源共享空间。

受大众创业、万众创新政策的引导，创新创业成为各地政府实现新的经济增长极的重要渠道。创新创业孵化成为"双创"的必经之路，2015年北京地区共有众创空间274个，首都功能核心区、城市功能拓展区及城市发展新区的众创空间发展迅速。朝阳区、西城区、和海淀区等区众创空间数量较多，分别为215个、21个和17个，见图6-1。生态涵养发展区众创空间数量仍是0，发展较为缓慢。

2015年，北京地区孵化科技类项目数量821个。各区县差异较大，其中众创空间孵化科技类项目数量30个及以上（含30个）的有7个区，分别是石景山区（275个）、西城区（157个）、昌平区（137）、海淀区（111个）、朝阳区（77个）、丰台区（31个）和顺义区（30个）。通州区、大兴区、怀柔区、平谷区、密云区、延庆区和门头沟区7个区众创空间孵化科技类项目数量仍是0。

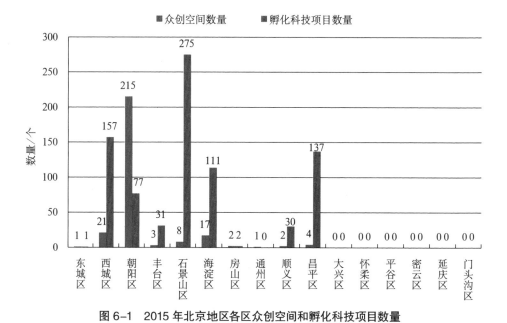

图 6-1　2015 年北京地区各区众创空间和孵化科技项目数量

6.2 "双创"中的科普类活动

　　政府鼓励各类企业建立服务大众创业的开放创新平台,支持社会力量举办创业沙龙、创业大讲堂、创业训练营等创业培训活动。2015 年,北京地区创新创业过程中组织培训活动 1523 次,参加活动人数 94 504 人次。其中,有 8 个区的培训次数超过 50 次,分别是海淀区(576 次)、朝阳区(194 次)、西城区(156 次)、石景山区(133 次)、大兴区(104 次)、丰台区(84 次)、昌平区(83 次)和平谷区(57 次),占全部"双创"中组织培训活动次数的 91.07%(图 6-2)。

　　北京地区通过积极开展科技类项目投资路演、宣传推介等活动,举办各类创新创业赛事,为创新创业者提供展示平台。这类科普活动可以积极宣传倡导敢为人先、百折不挠的创新创业精神,大力弘扬创新创业文化。科技类项目投资路演和宣传是众创空间孵化科技项目的重要途径,同时也是"双创"中科普活动的主要形式之一。活动参加人次居多的 5 个区分别是海淀区(55 286 人次)、朝阳区(11 138 人次)、西城区(4330 人次)、昌平区(2049 人次)和丰台区(1240 人次)(图 6-3)。

　　各区举办投资路演和宣传推介活动的次数差异较大,总体上与经济发达程度有关,首都功能核心区、城市功能拓展区及城市发展新区举办活动的次数较多。2015 年,北京地区共举办活动 461 次,举办次数超过 20 次的有 6 个区,分别是朝阳区(149 次)、昌平区（96次）、海淀区（94次）、丰台区（35次）、西城区（29次）和石景山区（25次）。
从投资路演和宣传推介活动的参加人次和举办次数来看，海淀区和朝阳区居北京地区之首。

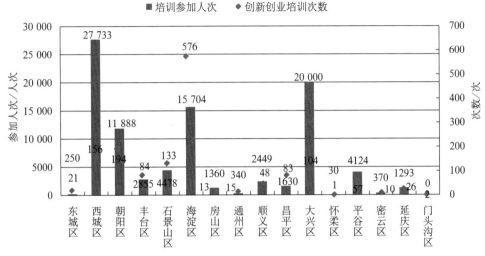

图 6-2　2015 年"双创"互动中科普培训次数和参加人次

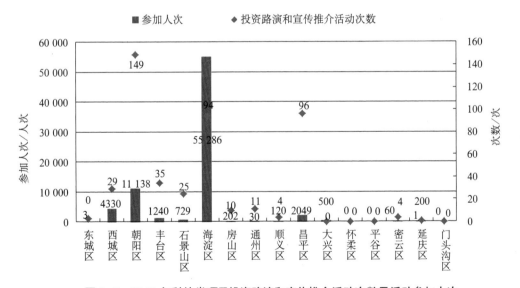

图 6-3　2015 年科技类项目投资路演和宣传推介活动次数及活动参加人次

附录1 2015年度北京地区全国科普统计工作方案

根据《科技部关于实施 2015 年度全国科普统计调查工作的通知》（国科发政〔2016〕89 号）精神，制定本方案。

一、组织实施

1. 区统计工作由各区科委或科协牵头，组织本辖区各单位的填报培训、报表发放、填写、回收及审核工作，并负责辖区单位科普工作统计数据的报送。

2. 各涉及科普工作的市级单位的统计工作由各有关委办局、人民团体牵头，组织本部门直属单位及行业单位的报表发放、填写、回收、审核，并负责各直属单位及行业单位科普工作统计报表的报送。

3. 市科委（具体由北京市科技传播中心承担）负责全市科普工作统计的组织、报表发放、回收、审核、汇总。

二、统计范围

以下所列单位均要独立填表和报送。（注：以下所列市区（县）直属单位不是全部，各单位需本着全面了解本部门、本地区科普资源的角度，尽可能把统计工作覆盖全面。）

1. 市级单位

市科委及直属单位；

市科协及直属单位；

市教委及直属单位（直属大学及校属博物馆、市青少年科技馆、教学植物园）；

市发展改革委及直属单位；

市经信委及直属单位；

市民委及直属单位；

市公安局及直属单位（含警察博物馆、禁毒基地，北京市民防灾教育馆等单独填）；

市人力资源和社会保障局及直属单位（职业教育培训中心）；

市国土资源局及直属单位（含地质研究所）；

市环境保护局及直属单位（环保宣教中心、市环境监测中心）；

市市政市容委及直属单位；

市农委及农业局、农口直属单位（含北京水生野生动物保护中心）；

市商务委及直属单位（含大型商场、大型超市）；

市旅游委及直属单位；

市文化局及直属单位（首都图书馆）；

市卫生计生委及直属市级医院、市疾病控制中心、科研所、《健康》杂志社、市计生展馆；

市安全生产监督局及直属单位；

市新闻出版广电局及直属单位（北京人民广播电台、北京电视台、市属出版社、音像出版社等单独填报）；

市文物局及直属博物馆（各馆均单独填报）；

市体育局及直属单位；

市园林绿化局及直属单位；

市知识产权局及直属单位；

市民政局及直属单位；

市质检局及直属单位；

市食品药品监督管理局及直属单位；

市粮食局及直属单位；

中关村管委会及直属单位；

市公园管理中心及直属单位（动、植物园科普馆作为科技馆单独填报、植物园温室作为非场馆类科普基地科普展厅面积由植物园填报、园林所单独填报）；

市气象局及直属单位（气象台站、气象学会、减灾协会等）；

市地震局及直属单位；

市总工会及直属单位（市技协单独填报）；

共青团北京市委及直属单位（北京学生联合会、北京志愿者协会、北京青少年科技文化交流中心、北京青年报等）；

市妇联及直属单位；

市社会科学界联合会及直属单位；

市红十字协会及直属单位；

市科学技术研究院及直属单位（天文馆、古观象台、自然博物馆、麋鹿苑、科技出版社、

《天文爱好者》杂志社、《大自然》杂志社、直属院所等）。

2. 区级单位

区科委及直属单位；

区科协及直属单位；

区教委及直属单位（中学一校一份、区青少年科技馆、站、少年之家等）；

区发改委及直属单位；

区农委及农业局、林业局、农口直属单位（国家级与市级自然保护区、森林公园、观光农业园等）；

区文化委（局）及直属单位（区图书馆、区博物馆）；

区人力资源和社会保障局及直属单位；

区卫生局及直属区医院、区疾病控制中心；

区国土资源局及直属单位（区域内国家地质公园、矿山公园）；

区环境保护局及直属单位（环保宣教中心）；

区气象局及直属单位；

区地震局及直属单位；

区总工会及直属单位；

共青团区委及直属单位；

区妇联及直属单位；

区广电局及直属单位（区电视台单独填报）；

区卫生计生委及直属单位；

区园林局及直属单位（直属公园）；

区林业局及直属单位；

区旅游委（局）及直属单位；

区安全生产监督局及直属单位；

区食品药品监督管理局；

区红十字协会及直属单位；

区质检局及直属单位；

乡、镇人民政府及街道办事处；

辖区内北京市科普基地；

辖区内科技旅游开放点。

三、统计内容

1. 2015 年度科普工作情况。

2. 调查北京市的科普资源基本状况，具体包括科普人员、科普场地、科普经费、科普传媒、科普活动以及创新创业中的科普等，共六大类，109 个指标（见《2015 年度科普统计调查表》）。

3. 为加强统计分析工作，北京市提出补充指标，请各单位一并填报（见《全国科普统计北京市补充调查表》）。

四、统计要求

1. 认真执行《关于开展 2015 年度北京地区全国科普统计工作的通知》提出的要求。

2. 自 2009 年度起，科普统计正式列入年度统计范畴，请各单位按照统计法的要求，从加强全市科普工作的高度，认识科普统计的重要性，指派专人，负责协调，按时、按质完成统计工作。

3. 要以科学严谨的态度，保证统计数据的真实、可靠、准确。

4. 填报单位请统一下载"全国科普统计数据库管理系统 2016 版"软件，通过计算机录入相关数据，我中心接收填报单位的导出电子数据及纸质科普统计调查表。

5. 请各有关单位将录入打印出的本部门全部《2015 年度科普统计调查表》，各区科委或科协将录入后打印出的本区全部《2015 年度科普统计调查表》及电子数据文本（电子文本无需汇总），于 5 月 6 日前报送北京市科技传播中心。

6. 请各有关单位将录入打印出的本部门全部《全国科普统计北京市补充调查表》及电子数据文本（电子文本无需汇总），各科委或科协将录入后打印出的本区全部《全国科普统计北京市补充调查表》及电子数据文本（电子文本无需汇总），于 5 月 6 日前报送北京市科技传播中心。

7. 注意：盖有单位公章的两种纸质报表（《2015 年度科普统计调查表》《全国科普统计北京市补充调查表》）各单位要填写三套。其中，1 套报市科委，1 套各区或主管部门留存，1 套单位留存。

附录 2 2015 年度全国科普统计调查方案

一、科普统计的内容和任务

科普统计是国家科技统计的重要组成部分。通过开展全国科普统计调查，可以使政府管理部门及时掌握国家科普资源概况，更好地监测国家科普工作质量，为政府制定科普政策提供依据。因此，全国科普统计的内容包括两个方面：

1. 调查国家科普资源投入状况，具体包括科普人员、科普场地、科普经费、科普传媒、科普活动以及创新创业中的科普等。

2. 监测国家科普工作运行状况，了解国家科普活动开展的总体情况。

二、科普统计的范围

本次统计的范围包括中央、国务院各有关部门及其直属单位，省（自治区、直辖市，以下简称省）、市（地区、州、盟，以下简称市）、县（县、区、旗，以下简称县）人民政府有关部门及其直属单位、社会团体等机构和组织。

统计填报单位主要包括：

1. 中央、国务院各有关部门和单位：发展改革委、教育部、科技部、工业和信息化部（含国防科工局）、国家民委、公安部、民政部、人力资源社会保障部、国土资源部、环境保护部、农业部、文化部、卫生计生委、国资委、质检总局、新闻出版广电总局、体育总局、安全监管总局、食品药品监管总局、林业局、旅游局、地震局、气象局、粮食局、中国科学院、中国社科院、共青团中央、全国总工会、全国妇联、中国科协等。

2. 省级单位：省发展改革委、省教育厅、省科技厅、省工业和信息化部门、省民委、省公安厅、省民政厅、省人力资源社会保障厅、省国土资源厅、省环境保护厅、省农业厅、省文化厅、省卫生计生委、省国资委、省质检部门、省新闻出版广电部门、省体育局、省安全监管部门、省食品药品监管部门、省林业厅、省旅游部门、省地震部门、省气象部门、省粮食部门、省科学院、省社科院、省共青团、省工会、省妇联、省科协组织等。

3. 市级单位：市发展改革委、市教育局、市科技局、市工业和信息化局、市民委、市公安局、市民政局、市人力资源社会保障局、市国土资源局、市环境保护局、市农业局、市文化局、市卫生计生委、市国资部门、市质检部门、市新闻出版广电部门、市体育部门、市安全监管部门、市食品药品监管部门、市林业局、市旅游部门、市地震部门、市气象部门、市粮食部门、市共青团、市工会、市妇联、市科协组织等。

4. 县级单位：县发展改革委、县教育局、县科技局、县工业和信息化局、县民委、县公安局、县民政局、县人力资源社会保障局、县国土资源局、县环境保护局、县农业局、县文化局、县卫生计生委、县国资部门、县质检部门、县新闻出版广电部门、县体育部门、县安全监管部门、县食品药品监管部门、县林业局、县旅游部门、县地震部门、县气象部门、县粮食部门、县共青团、县工会、县妇联、县科协组织等。

三、科普统计的组织

科普统计由科技部牵头，会同有关部门共同组织实施。科技部负责制定统计方案，提出工作要求，指导和协调中央、国务院有关部门和省科技行政管理部门的统计工作。中国科学技术信息研究所负责具体统计实施工作。

各省、市、县科技行政管理部门牵头组织本行政区域内各单位的科普统计。

四、科普统计的操作步骤

全国科普统计按中央、国务院部门及省、市、县分级实施，采取条块结合的方式。

1. 科技部负责全国科普统计。包括：向中央、国务院各有关部门科技主管单位以及省科技行政管理部门布置科普统计任务，开展统计人员培训，发放并回收调查表，审核数据，汇总全国科普统计数据，形成国家科普统计年度报告。

2. 中央、国务院各有关部门负责自身及其直属机构的科普统计。包括：向直属机构布置科普统计任务，对统计人员进行培训，发放并回收调查表，审核数据；将本部门所有调查表报科技部。

3. 各省科技厅负责本省科普统计。包括：向本省同级有关部门、所属各市科技局布置科普统计任务，对统计人员进行培训，发放并回收调查表，审核数据；把本省所有调查表录入全国科普统计数据库，建立本省科普统计数据库；将本省所有调查表报科技部。

4. 市科技局负责本市科普统计。包括：向本市同级有关部门、所属县科技局布置科普统计任务，对统计人员进行培训，发放并回收调查表，审核数据；将本市所有调查表报省科技厅。

5. 县科技局负责本县科普统计。包括：向本县同级有关部门布置科普统计任务，对统计人员进行培训，发放并回收调查表，审核数据；将本县所有调查表报市科技局。

五、调查表下载

科普统计调查表可以在中国科学技术信息研究所主页（http://www.istic.ac.cn）下载，也可以在科技部网站（http://www.most.gov.cn/kxjspj/index.htm）中的科普统计栏目下载。

科普统计管理软件系统由科技部负责提供，下载网址同上。

六、报送时间

请各省科技行政管理部门务必于 2016 年 5 月 25 日前将本地的所有《2015 年度科普统计调查表》以及电子化的科普统计数据上报科技部。

请中央、国务院各有关部门科技主管单位务必于 2016 年 5 月 25 日前将纸质版《2015年度科普统计调查表》报送科技部（无需报送电子化数据）。

七、数据的修正和反馈

科技部在汇总各省、各有关部门科普统计数据后，将组织专家对填报数据进行联合会审，就上报数据质量进行评估。对数据质量存在问题的，将要求核实和修正。

调查数据的质量是统计工作的灵魂。没有严格的数据质量控制，难以保障数据填报的真实。因此，各级科技行政管理部门和填报单位要有高度的责任心，对填报的数据进行层层把关。为明确责任，严控数据质量，对有关部门责任划分如下：

1. 科技部对中央、国务院各有关部门科技主管单位，各省科技行政部门上报的数据进行审核，对有疑义或明显错误的数据，将要求其进行核实和修正；中央、国务院各有关部门科技主管单位对本部门及直属单位填报的数据负责，配合科技部做好数据质量控制工作。

2. 省科技厅对本省同级部门和所属各市填报的数据进行审核，对有疑义或明显错误的数据，应要求其进行核实和修正；其他省级相关部门对本部门报送省科技厅的数据负责，协助省科技厅做好数据质量控制工作。

3. 市科技局对本市同级部门和所属各县的数据进行审核，对有疑义或明显错误的数据，应要求其进行核实和修正；其他市级相关部门对本部门报送市科技局的数据负责，协助市科技局做好数据质量控制工作。

4. 县科技局对本县同级部门的数据进行审核，对有疑义或明显错误的数据，应要求其进行核实和修正；其他县级相关部门对本部门填报的数据负责，协助县科技局做好数据质量控制工作。

八、注意事项

对于"科普场馆"部分的填报要求。凡在"科普场地"报表中填写"科普场馆"数据的单位，均需把每个"科普场馆"单独填报一份报表，同时将本单位的其他相关数据填报在另一份报表，与"科普场馆"的报表同时上报，不需汇总。以农业局为例，原来只需填报一份包括该农业局及其直属事业单位的报表。如果现在该农业局下属有一科技馆，则应上报两份报表，一份为下属科技馆的统计数据，一份为该农业局去除下属科技馆的统计数据。两份报表的统计数据不应存在重合。如果下属有多个科普场馆，则每个科普场馆都需要单独填写一份报表。

附件

制表机关：科学技术部
批准机关：国家统计局
批准文号：国统制〔2014〕154 号
有效期截止时间：2016 年 12 月

2015 年度科普统计调查表

单位全称（盖章）：＿＿＿＿＿＿＿＿＿＿＿＿＿＿＿＿＿＿＿＿＿＿＿＿

机构主管部门类别代码（见填报说明七）：□□

单位级别：中央级□　省级□　市级□　区县级□（在相应的□内打√）

单位所在地：＿＿＿＿省（直辖市、自治区）＿＿＿＿市（自治州、盟）＿＿＿＿县（区、旗）

单位负责人（签章）：＿＿＿＿　填表人（签章）：＿＿＿＿　邮政编码：□□□□□□

联系电话：＿＿＿＿＿　传真：＿＿＿＿＿　电子信箱：＿＿＿＿＿

填表时间：＿＿＿年＿＿＿月＿＿＿日

中华人民共和国科学技术部
二○一六年一月

填报说明

（一）调查目的：调查国家科普资源基本状况，了解国家科普工作运行质量。

（二）统计对象和范围：国家机关、社会团体和企事业单位等机构和组织。

（三）主要指标：科普人员、科普场地、科普经费、科普传媒、科普活动、创新创业中的科普。

（四）报告期：2015 年 1 月 1 日—2015 年 12 月 31 日（对于科普场地和科普网站，填写截至 2015 年 12 月 31 日 24 时已经建成开放的科普场地和科普网站）。

（五）本调查为全面调查，填报单位需严格按照报表所规定的指标含义、指标解释进行填报。

（六）凡在表"KP-002 科普场地"的第一部分"科普场馆"填报数据的单位，均需把每个"科普场馆"单独填报一份报表，并将本单位其他相关数据填报为另一份报表，与"科普场馆"的报表同时上报，不需汇总。

（七）机构主管部门类别代码

发展改革部门（25）、教育部门（03）、科技管理部门（01）、工业和信息化部门（含国防科工系统）（19）、民族事务部门（21）、公安部门（20）、民政部门（26）、人力资源社会保障部门（27）、国土资源部门（04）、环保部门（09）、农业部门（05）、文化部门（06）、卫生和计生部门（07）（08 已合并到 07）、国有资产监督管理部门（32）、质检部门（24）、新闻出版广电部门（10）、体育部门（28）、安监部门（22）、食品药品监管部门（29）、林业部门（11）、旅游部门（12）、地震部门（14）、气象部门（15）、粮食部门（23）、中科院所属部门（13）、社科院所属部门（31）、共青团组织（16）、工会组织（18）、妇联组织（17）、科协组织（02）、其他部门（30）。

根据《中华人民共和国统计法》的有关规定制定本报表

《中华人民共和国统计法》第三条规定：国家机关、社会团体、企业事业组织和个体工商户等统计调查对象，必须依照本法和国家规定，如实提供统计资料，不得虚报、瞒报、拒报、迟报，不得伪造、篡改。

基层群众性自治组织和公民有义务如实提供国家统计调查所需要的情况。

《中华人民共和国统计法》第十五条规定：统计机构、统计人员对在统计调查中知悉的统计调查对象的商业秘密，负有保密义务。

报表目录

序号	表名	指标个数
表 1	科普人员	14
表 2	科普场地	31
表 3	科普经费	17
表 4	科普传媒	13
表 5	科普活动	19
表 6	创新创业中的科普	15

表　　号：KP-001
制表机关：科学技术部
批准机关：国家统计局
批准文号：国统制〔2014〕154 号
有效期截止时间：2016 年 12 月

表 1　科普人员

指标名称	编码	数量	指标名称	编码	数量
一、科普专职人员	KR100		二、科普兼职人员	KR200	
其中：中级职称及以上或本科及以上学历人员	KR110		其中：中级职称及以上或本科及以上学历人员	KR210	
女性	KR120		女性	KR220	
农村科普人员	KR130		农村科普人员	KR230	
管理人员	KR140		科普讲解人员	KR240	
科普创作人员	KR150		年度实际投入工作量	KR250	
科普讲解人员	KR160		三、注册科普志愿者	KR300	

科普专职人员（KR100）：指在统计年度中，从事科普工作时间占其全部工作时间 60% 及以上的人员。包括各级国家机关和社会团体的科普管理工作者，科研院所和大中专院校中从事专业科普研究和创作的人员，专职科普作家，中小学专职科技辅导员，各类科普场馆（表 2 中第一、二项）的相关工作人员，科普类图书、期刊、报刊科技（普）专栏版的编辑，电台、电视台科普频道、栏目的编导，科普网站信息加工人员等。以上人员数由其所在单位填写。

农村科普人员（KR130）：指在统计年度中，面向农村进行科学技术普及工作时间占本人全部工作时间 60% 及以上的人员。包括农业管理部门的专职科普人员，农技咨询协会工作人员，农函大教员等。

管理人员（KR140）：指各级国家机关中从事科普行政管理工作的人员。

科普创作人员（KR150）：指专职从事科普作品创作的人员。包括科普文学作品创作人员、科普影视作品创作人员、科普展品创作人员及科普理论研究人员等，这些人以科普作品的创作为其主要工作内容。

科普讲解人员（KR160、KR240）：指科普场馆、事业单位、企业中专门负责科普知识讲解工作的人员，包括专职科普讲解人员和兼职科普讲解人员。

科普兼职人员（KR200）：指在非职业范围内从事科普工作，仅在某些科普活动中从事宣传、辅导、演讲等工作的人员以及工作时间不能满足科普专职人员要求的从事科普工作的人员。包括进行科普讲座等科普活动的科技人员、中小学兼职科技辅导员、参与科普活动的志愿者、科技馆（站）的志愿者等。

年度实际投入工作量（KR250）：按月累加计算。例如，科普兼职人员有 3 人，其投入科普工作的时间分别为 2 个月，3 个月和 1 个月，则投入工作量合计为 2＋3＋1 ＝6（人月）。

注册科普志愿者（KR300）：指按照一定程序在共青团、科协等组织或科普志愿者注册机构注册登记，自愿参加科普服务活动的志愿者。

表　　号：KP-002
制表机关：科学技术部
批准机关：国家统计局
批准文号：国统制〔2014〕154 号
有效期截止时间：2016 年 12 月

表 2　科普场地

指标名称	编码	数量	指标名称	编码	数量
一、科普场馆			二、非场馆类科普基地		
1.科技馆	KC110	个	1.个数	KC210	个
建筑面积	KC111	平方米	2.科普展厅面积	KC220	平方米
展厅面积	KC112	平方米	3.当年参观人次	KC230	人次
参观人次	KC113	人次	三、公共场所科普宣传设施		
常设展品	KC114	件	1.城市社区科普（技）专用活动室	KC310	个
年累计免费开放天数	KC115	天	2.农村科普（技）活动场地	KC320	个
2.科学技术类博物馆	KC120	个	3.科普宣传专用车	KC330	辆
建筑面积	KC121	平方米	4.科普画廊	KC340	个
展厅面积	KC122	平方米	四、科普基地		
参观人次	KC123	人次	1.国家级科普基地	KC410	个
常设展品	KC124	件	其中：享受过税收优惠的基地	KC411	个
年累计免费开放天数	KC125	天	参观人次	KC412	人次
3.青少年科技馆站	KC130	个	2.省级科普基地	KC420	个
建筑面积	KC131	平方米	其中：享受过税收优惠的基地	KC421	个
展厅面积	KC132	平方米	参观人次	KC422	人次
参观人次	KC133	人次			
常设展品	KC134	件			
年累计免费开放天数	KC135	天			

科普场馆：包括科技馆（以科技馆、科学中心、科学宫等命名的以展示教育为主，传播、普及科学的科普场馆）；科学技术类博物馆（包括自然博物馆、天文馆、水族馆、标本馆以及设有自然科学部的综合博物馆等）；青少年科技馆站、中心等。以上只填报建筑面积在 500 平方米以上的馆（站）。

非场馆类科普基地：包括动物园、植物园、青少年夏（冬）令营基地、国家地质公园以及科技类农场等。

城市社区科普（技）专用活动室（KC310）：指在城市社区建立的，专门用于开展社区科普（技）活动的场所。

农村科普（技）活动场地（KC320）：指各类专门开展科普（技）活动的农村科技大院、农村科技活动中心（站）和农村科技活动室等。

科普宣传专用车（KC330）：包括科普大篷车以及其它专门用于科普活动的车辆。

科普画廊（KC340）：指本单位建立的，固定用于向社会公众宣传科普知识的，长 10 米以上的橱窗。

国家级科普基地（KC410）：指由国家科技行政管理部门命名的国家科普基地；或国务院有关行政管理部门会同国家科技行政管理部门命名的国家特色科普基地，如果某单位同时获得了两块牌子，只计 1 次。

省级科普基地（KC420）：指由省级科技行政管理部门命名的科普基地，省级有关行政管理部门会同省级科技行政管理部门命名的科普基地，如果某单位同时获得了两块牌子，只计 1 次。

享受过税收优惠的基地：指遵循《关于鼓励科普事业发展税收政策问题的通知》的精神，按照《科普税收优惠政策实施办法》，经科技行政管理部门认定后，享受了税收优惠政策的科普基地。

表　　号：KP-003
制表机关：科学技术部
批准机关：国家统计局
批准文号：国统制〔2014〕154 号
有效期截止时间：2016 年 12 月

表 3　科普经费

指标名称	编码	金额	指标名称	编码	金额
一、年度科普经费筹集额	KJ100	万元	3. 科普场馆基建支出	KJ230	万元
1. 政府拨款	KJ110	万元	其中：政府拨款支出	KJ231	万元
其中：科普专项经费	KJ111	万元	其中：场馆建设支出	KJ232	万元
2. 捐赠	KJ120	万元	其中：展品、设施支出	KJ233	万元
3. 自筹资金	KJ130	万元	4. 其他支出	KJ240	万元
4. 其他收入	KJ140	万元	三、科技活动周经费专项统计		
二、年度科普经费使用额	KJ200	万元	科技活动周经费筹集额	KJ300	万元
1. 行政支出	KJ210	万元	其中：政府拨款	KJ310	万元
2. 科普活动支出	KJ220	万元	企业赞助	KJ320	万元

年度科普经费筹集额（KJ100）：指本单位内可专门用于科普工作管理、研究以及开展科普活动等科普事业的各项收入之和。

政府拨款（KJ110）：指填表单位从各级政府部门获得的用于本单位科普工作实施的经费，不包括代管经费和划转到其他单位的经费。

科普专项经费（KJ111）：指国家各级政府财政部门拨款或资助的，指定用于某项科普活动的经费。

捐赠（KJ120）：指从国内外各类团体和个人获得的专门用于开展科普活动的经费（捐物不在统计范围内）。

自筹资金（KJ130）：指本单位自行筹集的，专门用于开展科普工作的经费。

经营收入（KJ131）：指本单位通过门票等渠道获得的经营性收入。

其他收入（KJ140）：指本单位科普经费筹集额中除上述经费外的收入。

年度科普经费使用额（KJ200）：指本单位内实际用于科普管理、研究以及开展科普活动的全部实际支出。

科普活动支出（KJ220）：指直接用于组织和开展科普活动的支出。

科普场馆基建支出（KJ230）：指本年度内实际用于科普场馆（指表 2 中第一项：科普场馆）的基本建设资金。包括实际用于科普场馆的土建费（场馆修缮和新场馆建设）以及添加科普展品和设施所产生的费用两部分。

其他支出（KJ240）：指本单位科普经费使用额中除上述支出外，用于科普工作的相关支出。

科技活动周经费筹集额（KJ300）：指本年度科技活动周期间，本单位筹集的准备用于科技活动周的经费总额。

表　　号：KP-004
制表机关：科学技术部
批准机关：国家统计局
批准文号：国统制〔2014〕154号
有效期截止时间：2016年12月

表4　科普传媒

指标名称	编码	数量	指标名称	编码	数量
一、科普图书			2.光盘发行总量	KM320	张
1.出版种数	KM110	种	3.录音、录像带发行总量	KM330	盒
2.年出版总册数	KM120	册	四、科技类报纸年发行总份数	KM400	份
二、科普期刊			五、电视台播出科普（技）节目时间	KM500	小时
1.出版种数	KM210	种	六、电台播出科普（技）节目时间	KM600	小时
2.年出版总册数	KM220	册	七、科普网站个数	KM700	个
三、科普（技）音像制品			八、发放科普读物和资料	KM800	份
1.出版种数	KM310	种	九、电子科普屏数量	KM900	块

科普图书：指以非专业人员为阅读对象，以普及科学技术知识、倡导科学方法、传播科学思想、弘扬科学精神为目的，在新闻出版机构登记、有正式刊号的科技类图书。

出版种数（KM110）：图书的"种数"以年度为界线。一种图书在同一年度内无论印制多少次，只在第一次印制时计算种数。

年出版总册数（KM120）：指本年内每种图书印刷册数之和。

科普期刊：指面向社会发行并在新闻出版机构登记、有正式刊号或有内部准印证的科普性刊物。

年出版总册数（KM220）：指本年内每种期刊年度印刷册数之和。

科普（技）音像制品：指以普及科学技术知识、倡导科学方法、传播科学思想、弘扬科学精神为目的，正式出版的音像制品。

科技类报纸年发行总份数（KM400）：指报纸的每期发行份数 × 年发行期数所得数量。

科普（技）节目：指电台、电视台播出的面向社会大众的以普及科技知识、倡导科学方法、传播科学思想、弘扬科学精神为主要目的的节目。

科普网站个数（KM700）：指统计由政府财政投资建设的专业科普网站数量。政府机关电子政务网站不在统计范围。

科普读物和资料：指在科普活动中发放的科普性图书、手册、音像制品等正式和非正式出版物、资料。

表　　号：KP–005
制表机关：科学技术部
批准机关：国家统计局
批准文号：国统制〔2014〕154号
有效期截止时间：2016年12月

表5　科普活动

指标名称	编码	数量	指标名称	编码	数量
一、科普（技）讲座			个数	KH511	个
举办次数	KH110	次	参加人次	KH512	人次
参加人次	KH120	人次	2.科技夏（冬）令营		
二、科普（技）展览			举办次数	KH521	次
专题展览次数	KH210	次	参加人次	KH522	人次
参观人次	KH220	人次	六、科技活动周		
三、科普（技）竞赛			科普专题活动次数	KH610	次
举办次数	KH310	次	参加人次	KH620	人次
参加人次	KH320	人次	七、大学、科研机构向社会开放		
四、科普国际交流			开放单位个数	KH710	个
举办次数	KH410	次	参观人次	KH720	人次
参加人次	KH420	人次	八、举办实用技术培训	KH810	次
五、青少年科普			参加人次	KH820	人次
1.成立青少年科技兴趣小组			九、重大科普活动次数	KH900	次

　　科普（技）讲座：指各种面向社会的以普及科学技术知识、倡导科学方法、传播科学思想、弘扬科学精神为主要内容的科技讲座。由讲座的第一组织单位填写。如由几个单位联合举办，组织单位名单中排名第一的为第一组织者，其他几个组织单位不再统计本次活动，下同。

　　科普（技）专题展览：指围绕某个主题所进行的具有科普性质的展教活动，包括常设展览、临时展览和巡回展览；参观人次只统计参观专题展览的人次，而不是场馆的年度总参观人次。

科普（技）竞赛：指国家机关、社会团体及其他组织作为第一组织者开展的科技知识普及性竞赛。由竞赛的第一组织单位填写。

科普国际交流：指填表单位与其他国家及境外地区进行的有关科普接待和外派参加会议、访问、展览、培训等交流活动。

科普专题活动次数（KH610）：指在科技活动周期间举办的科普专题活动次数。

大学、科研机构开放：指填表单位所属的大学、科研机构向社会开放，面向公众举办科普活动。参观人次为所有下属单位组织的开放活动参观的总人次。例如：共有三个开放单位，参观人次分别为500,300,700,则总的参观人次为1500人次。

重大科普活动：指参加活动的人次在1000人次以上的科普活动。该项由活动的第一组织单位填写。

表　号：KP-005
制表机关：科学技术部
批准机关：国家统计局
批准文号：国统制〔2014〕154号
有效期截止时间：2016年12月

表6　创新创业中的科普

指标名称	编码	数量	指标名称	编码	数量
一、众创空间			1.创新创业培训次数	KY210	次
1.数量	KY110	个	2.创新创业培训参加人数	KY211	人次
2.办公场所建筑面积	KY120	平方米	3.科技类项目投资路演和宣传推介活动次数	KY220	次
3.工作人员数量	KY130	人	4.科技类项目投资路演和宣传推介活动参加人数	KY221	人次
4.创业导师数量	KY140	人	5.举办科技类创新创业赛事次数	KY230	次
5.服务创业人员数量	KY150	人	6.科技类创新创业赛事参加人数	KY231	人次
6.政府扶持经费金额	KY160	万元	三、科普产业		
7.孵化科技类项目数量	KY170	个	1.科普企业数量	KY310	个
二、科普类活动			2.销售额	KY320	万元

众创空间：指顺应新科技革命和产业变革新趋势、有效满足网络时代大众创新创业需求的新型创业服务平台。

办公场所建筑面积（KY120）：指众创空间办公场地的实际建筑面积。

工作人员数量（KY130）：指在众创空间提供专业服务的人员数量。

创业导师数量（KY140）：指众创空间的专兼职导师人员数量。

服务创业人员数量（KY150）：指在众创空间获得各类服务的创业者数量。

政府扶持经费金额（KY160）：指众创空间在房租、宽带接入、公共软硬件、教育培训、导师服务、创业活动等方面所获得的政府财政补贴、扶持经费金额。

孵化科技类项目数量（KY170）：指通过众创空间孵化出的科技类项目数量。

创新创业培训：指各类单位举办的创业训练营、创业培训和创业公益讲堂等创新、创业培训活动。

科普企业数量（KY310）：以生产科普产品或提供科普服务的企业或组织。

附录 3　2015 年全国科普统计
北京地区分类数据统计表

各项统计数据包括中央在京单位、市属单位和区县单位的数据。

4 个功能区的划分：首都功能核心区包括：东城区、西城区 2 个区；城市功能拓展区包括：朝阳区、丰台区、石景山区、海淀区 4 个区；城市发展新区包括：房山区、通州区、顺义区、昌平区、大兴区 5 个区；生态涵养发展区包括：门头沟区、平谷区、怀柔区、密云区、延庆区 5 个区。

附表 3-1　2015 年各区科普人员（一）　　　　　　　　　　　　单位：人

地区	科普专职人员	中级职称以上或大学本科以上学历人员	女性	农村科普人员	管理人员	科普创作人员
北京	7324	5070	3593	956	1536	1084
中央在京	2352	1895	1053	38	486	503
市属	1554	1135	911	71	347	405
区属	3418	2040	1629	847	703	176
东城区	452	393	273	7	103	104
西城区	792	625	436	8	188	109
朝阳区	909	750	388	68	165	218
丰台区	373	241	178	7	86	34
石景山区	59	50	35	0	27	1
海淀区	2079	1578	1081	12	463	428
门头沟区	152	110	72	68	29	12
房山区	162	94	89	10	44	17
通州区	212	130	83	55	45	8
顺义区	118	59	56	18	52	3
昌平区	212	140	107	34	36	85
大兴区	714	367	348	99	109	17
怀柔区	156	35	36	57	13	33
平谷区	518	270	189	451	71	1
密云区	221	85	112	58	57	1
延庆区	195	143	110	4	48	13

附表 3-2　2015 年各区科普人员（二）　　　　　　　　　　　　单位：人

地区	科普兼职人员	中级职称以上或大学本科以上学历人员	女性	农村科普人员	年度实际投入工作量/人月	注册科普志愿者
北京	40 939	26 690	22 256	4503	46 936	24 083
中央在京	7475	6460	3688	195	7432	3951
市属	11 324	8537	6285	1067	9732	1450
区属	22 140	11 693	12 283	3241	29 772	18 682
东城区	4733	3720	2735	1	4541	434
西城区	4588	3347	2402	55	7912	6417
朝阳区	5236	4069	2808	1211	5256	3193
丰台区	2013	1360	1379	97	2667	774
石景山区	867	753	514	0	958	1005
海淀区	6980	5174	3939	270	5282	8675
门头沟区	666	373	371	171	978	57
房山区	1335	659	569	316	2206	441
通州区	918	638	590	300	993	379
顺义区	3138	1418	1406	202	1300	2
昌平区	2703	1691	1499	345	2990	585
大兴区	3503	1341	1976	475	4754	1865
怀柔区	906	493	487	231	1117	2
平谷区	456	189	149	249	821	154
密云区	1645	734	821	312	2267	0
延庆区	1252	731	611	268	2894	100

附表 3-3 2015 年各区科普场地（一）

地区	科技馆/个	建筑面积/米²	展厅面积/米²	当年参观人数/人次
北京	31	233 692	137 466	4 848 607
中央在京	5	106 800	65 365	3 377 000
市属	9	76 750	48 750	1 056 744
区属	17	50 142	23 351	414 863
东城区	2	1860	1320	18 251
西城区	4	39 900	16 800	773 500
朝阳区	2	4810	4100	178 493
丰台区	2	4713	1200	101 500
石景山区	1	9200	4200	30 000
海淀区	6	141 008	93 030	3 483 463
门头沟区	2	4300	950	10 000
房山区	1	2890	2000	3000
通州区	2	3770	670	7000
顺义区	1	800	640	4600
昌平区	3	2800	2365	6200
大兴区	0	0	0	0
怀柔区	1	900	430	200 000
平谷区	2	8203	4960	22 600
密云区	1	6998	3581	0
延庆区	1	1540	1220	10 000

附表 3-4　2015 年各区科普场地（二）

地区	科学技术博物馆/个	建筑面积/米²	展厅面积/米²	当年参观人数/人次	青少年科技馆（站）/个
北京	71	845 625	346 180	11 783 302	14
中央在京	24	277 368	119 326	2 978 438	1
市属	24	333 471	102 783	5 560 102	2
区属	23	234 786	124 071	3 244 762	11
东城区	9	124 358	36 608	1 943 310	2
西城区	7	112 870	18 950	2 780 741	3
朝阳区	11	147 010	72 468	1 651 334	1
丰台区	5	120 419	34 295	996 204	4
石景山区	1	6300	4300	6096	0
海淀区	13	62 745	23 031	717 923	1
门头沟区	0	0	0	0	0
房山区	3	23 694	12 242	388 663	0
通州区	0	0	0	0	0
顺义区	0	0	0	0	0
昌平区	3	91 150	45 100	1 217 500	1
大兴区	5	39 539	20 600	694 000	0
怀柔区	3	71 000	50 400	330 000	1
平谷区	0	0	0	0	0
密云区	4	12 100	5900	161 417	1
延庆区	7	34 440	22 286	896 114	0

附表 3-5　2015 年各区科普场地（三）

地区	城市社区科普（技）专用活动室 / 个	农村科普（技）活动场地 / 个	科普宣传专用车 / 辆	科普画廊 / 个
北京	1112	1832	62	4258
中央在京	12	1	0	142
市属	30	26	13	559
区属	1070	1805	49	3557
东城区	92	0	5	176
西城区	204	0	7	232
朝阳区	176	80	7	283
丰台区	78	28	2	768
石景山区	48	0	1	100
海淀区	192	43	4	398
门头沟区	26	60	2	233
房山区	72	156	11	76
通州区	49	153	4	409
顺义区	22	119	0	149
昌平区	15	100	1	394
大兴区	27	91	3	117
怀柔区	38	199	3	35
平谷区	14	95	4	481
密云区	37	349	4	107
延庆区	22	359	4	300

附表 3-6　2015 年各区科普经费（一）　　　　　　　　　　　　　　　　单位：万元

地区	年度科普经费筹集额	政府拨款	科普专项经费	社会捐赠	自筹资金	其他收入
北京	212 621.68	163 029.30	119 851.78	1297.00	33 878.03	14 433.76
中央在京	105 779.98	81 805.75	72 219.50	1073.00	14 233.83	8657.80
市属	15 136.94	10 393.59	7364.42	110.00	4204.36	429.00
区属	91 704.76	70 829.97	40 267.87	114.00	15 439.84	5346.96
东城区	23 338.42	19 825.32	12 402.13	2.00	3203.86	297.64
西城区	15 647.41	8723.98	5656.35	6.00	6370.04	547.40
朝阳区	89 261.05	76 362.39	72 200.20	135.70	10 116.46	2646.50
丰台区	24 456.36	21 701.87	8199.89	30.30	446.97	2277.22
石景山区	7718.48	6364.69	5747.85	0	779.94	573.85
海淀区	17 052.80	4263.18	3181.81	1077.00	5364.32	6348.30
门头沟区	4212.08	3446.98	976.40	36.00	710.70	18.40
房山区	2314.28	1699.42	1469.62	0	506.06	108.80
通州区	4088.52	2187.19	1321.72	0	1895.23	26.10
顺义区	1114.49	884.38	576.50	0	229.61	0.50
昌平区	10 727.51	9314.16	2868.53	10.00	1224.35	179.00
大兴区	2272.54	1345.33	557.31	0	917.57	9.64
怀柔区	2369.22	1786.99	1205.07	0	266.53	321.70
平谷区	1652.96	699.83	580.61	0	54.72	898.41
密云区	3307.13	2555.23	1546.85	0	574.90	177.00
延庆区	3088.44	1868.36	1360.96	0	1216.77	3.30

附表 3-7 2015 年各区科普经费（二）　　　　　　　　　　　　　　单位：万元

地区	科技活动周经费筹集额	政府拨款	企业赞助	年度科普经费使用额	行政支出	科普活动支出
北京	4156.28	3813.50	41.00	201 601.15	26 952.91	126 323.12
中央在京	63.38	63.38	0	102 296.36	19 145.99	69 351.19
市属	1986.29	1855.29	14.00	13 965.03	1668.53	10 209.78
区属	2106.61	1894.83	27.00	85 339.77	6138.39	46 762.15
东城区	1521.00	1504.00	0	20 826.45	2225.34	5387.50
西城区	281.08	252.08	15.00	10 129.58	1549.09	6770.30
朝阳区	775.93	578.23	14.00	89 446.02	17 103.49	66 798.82
丰台区	893.60	862.50	1.00	23 887.41	1985.76	11 730.81
石景山区	128.00	128.00	0	7469.75	46.33	4274.79
海淀区	124.00	115.00	0	15 256.24	536.43	7580.49
门头沟区	20.60	20.60	0	4135.04	1851.78	662.22
房山区	10.00	7.00	0	2407.18	62.20	1263.05
通州区	48.12	26.12	9.00	2443.34	131.60	1802.63
顺义区	3.00	3.00	0	1122.14	13.50	573.74
昌平区	147.94	137.04	0	11 089.44	58.10	10 436.91
大兴区	10.31	8.43	0	2198.27	1.74	1954.80
怀柔区	23.70	20.50	1.00	3667.27	371.17	1643.26
平谷区	0	0	0	969.99	19.50	922.49
密云区	157.00	150.00	0	3550.29	250.07	2895.62
延庆区	12.00	1.00	1.00	3002.76	746.81	1625.71

附表 3-8　2015 年各区科普经费（三）　　　　　　　　　单位: 万元

地区	年度科普经费使用额				其他支出
	科普场馆基建支出	政府拨款支出	场馆建设支出	展品、设施支出	
北京	14 160.07	7010.06	2650.06	10 227.20	30 605.86
中央在京	563.66	213.20	12.63	338.38	13 235.51
市属	1224.92	271.46	608.90	590.32	866.80
区属	12 371.49	6525.40	2028.53	9298.50	16 503.55
东城区	1802.04	271.58	161.63	1507.41	11 411.57
西城区	597.75	96.76	231.20	443.90	1212.44
朝阳区	1409.07	706.60	637.00	607.77	4134.64
丰台区	2953.10	2122.21	290.00	2486.21	3647.55
石景山区	648.80	445.80	287.60	133.20	2499.84
海淀区	1281.22	156.90	338.70	822.82	5858.10
门头沟区	1345.24	1113.24	192.54	750.70	275.80
房山区	784.78	350.90	265.20	468.58	288.15
通州区	99.30	31.80	0	86.30	429.81
顺义区	531.00	183.00	0	532.00	3.90
昌平区	371.53	79.00	75.50	254.03	222.90
大兴区	55.50	2.27	53.14	0.09	186.23
怀柔区	1543.09	1400.00	5.55	1538.54	109.74
平谷区	15.00	5.00	10.00	20.00	13.00
密云区	133.31	0	15.00	108.31	271.30
延庆区	589.34	45.00	87.00	467.34	40.90

附表 3-9　2015 年各区科普传媒（一）

地区	科普图书		科普期刊		科普（技）音像制品		
	出版种数 /种	年出版总册数 / 册	出版种数 /种	出版总册数 / 册	出版种数 /种	光盘发行总量 / 张	录音、录像带发行总量 / 盒
北京	4595	73 344 594	123	19 245 030	253	1 224 233	67 600
中央在京	3314	63 879 761	86	15 349 731	90	223 088	67 500
市属	1081	8 898 333	22	3 656 799	144	753 785	0
区属	200	566 500	15	238 500	19	247 360	100
东城区	201	1 616 400	37	2 449 702	34	68 350	0
西城区	862	6 162 735	16	2 382 405	8	40 078	2500
朝阳区	1793	7 445 783	19	11 347 411	110	683 385	0
丰台区	55	38 600	5	512 600	3	2900	100
石景山区	5	900	5	37 600	3	200	0
海淀区	1591	57 644 376	32	2 309 600	75	175 560	55 000
门头沟区	12	91 000	2	20 000	2	22 000	0
房山区	13	129 000	1	20 000	5	210 500	0
通州区	9	9500	1	1000	0	0	0
顺义区	30	100 000	0	0	0	0	0
昌平区	12	26 100	3	12 712	11	20 700	10 000
大兴区	4	50 000	0	0	2	500	0
怀柔区	1	2000	0	0	0	0	0
平谷区	0	0	2	152 000	0	60	0
密云区	0	0	0	0	0	0	0
延庆区	7	28 200	0	0	0	0	0

附表 3-10　2015 年各区科普传媒（二）

地区	科技类报纸年发行总份数 / 份	电视台播出科普（技）节目时间 / 小时	电台播出科普（技）节目时间 / 小时	科普网站个数 / 个	发放科普读物和资料 / 份
北京	120 548 775	18 840	16 247	343	78 730 936
中央在京	28 103 504	5685	11 573	128	57 067 675
市属	89 298 891	10 659	3337	107	7 511 513
区属	3 146 380	2496	1337	108	14 151 748
东城区	91 536 084	4966	657	84	2 194 690
西城区	5 081 980	270	6976	39	4 407 437
朝阳区	37 231	3502	518	54	2 418 402
丰台区	1 942 000	574	332	7	1 758 552
石景山区	0	38	4661	14	550 541
海淀区	20 820 000	7262	1743	71	57 079 019
门头沟区	0	134	0	4	473 994
房山区	2000	44	2	4	744 650
通州区	0	24	12	3	913 367
顺义区	0	284	1118	1	743 228
昌平区	0	229	80	19	2 173 098
大兴区	10 000	189	3	7	960 593
怀柔区	0	351	109	20	1 228 754
平谷区	1 004 000	6	0	5	679 350
密云区	0	35	17	6	1 134 842
延庆区	115 480	932	19	5	1 270 419

附表 3-11　2015 年各区科普活动（一）

地区	科普（技）讲座		科普（技）展览		科普（技）竞赛	
	举办次数 / 次	参加人数 / 人次	专题展览次数 / 次	参观人数 / 人次	举办次数 / 次	参加人数 / 人次
北京	46 345	5 654 314	5170	48 716 333	3362	84 637 476
中央在京	2653	501 615	1130	26 115 145	187	82 292 266
市属	8544	1 195 237	668	18 860 960	916	904 642
区属	35 148	3 957 462	3372	3 740 228	2259	1 440 568
东城区	6573	515 178	338	5 345 380	278	643 926
西城区	5334	587 335	590	8 601 866	979	82 323 413
朝阳区	7248	886 122	578	1 822 818	642	738 243
丰台区	2774	213 230	163	1 286 466	171	61 853
石景山区	1143	132 176	85	64 320	73	29 813
海淀区	5024	902 944	1229	29 048 862	179	311 722
门头沟区	559	74 463	104	39 328	25	18 384
房山区	811	151 526	125	204 331	62	17 311
通州区	796	95 479	92	52 535	91	5652
顺义区	2581	163 438	62	317 687	78	85 057
昌平区	1409	110 791	152	378 892	55	6187
大兴区	805	80 076	199	134 993	47	12 897
怀柔区	2976	308 874	1075	246 045	385	152 211
平谷区	1400	100 256	41	22 703	46	4665
密云区	5381	1 191 092	144	118 456	143	191 799
延庆区	1531	141 334	193	1 031 651	108	34 343

附表 3-12　2015 年各区科普活动（二）

地区	科普国际交流		成立青少年科技兴趣小组		科技夏（冬）令营	
	举办次数/次	参加人数/人次	兴趣小组数/个	参加人数/人次	举办次数/次	参加人数/次
北京	345	22 380	3153	370 798	1281	209 839
中央在京	178	9033	128	11 907	261	45 603
市属	49	5351	169	24 545	332	14 049
区属	118	7996	2856	334 346	688	150 187
东城区	62	3766	202	27 630	180	7413
西城区	54	3510	620	89 411	212	12 981
朝阳区	45	2068	335	24 270	100	12 354
丰台区	15	932	499	56 454	59	63 732
石景山区	14	1955	127	6411	48	20 084
海淀区	99	4646	315	18 649	198	21 646
门头沟区	3	14	18	571	17	810
房山区	9	360	231	4707	4	410
通州区	1	20	86	8867	12	2805
顺义区	4	320	82	2095	57	5329
昌平区	13	1129	94	6854	100	6928
大兴区	16	3080	96	9516	1	170
怀柔区	1	20	294	106 945	262	22 270
平谷区	0	0	9	250	4	80
密云区	4	500	88	4934	9	30 400
延庆区	5	60	57	3234	18	2427

附表 3-13 2015 年各区科普活动（三）

地区	科普活动周		大学、科研机构向社会开放		举办实用技术培训		重大科普活动次数/次
	科普专题活动次数/次	参加人数/人次	开放单位个数/个	参观人数/人次	举办次数/次	参加人数/人次	
北京	6662	64 057 655	523	491 895	14 307	811 161	983
中央在京	204	60 628 351	297	342 507	964	51 895	238
市属	3259	2 537 602	121	67 598	2291	111 420	220
区属	3199	891 702	105	81 790	11 052	647 846	525
东城区	573	356 504	200	52 248	1271	88 847	115
西城区	379	2 741 317	40	25 575	873	78 545	135
朝阳区	3355	2 119 241	98	64 715	1210	34 299	100
丰台区	259	108 836	8	18 595	140	9912	38
石景山区	120	33 648	7	1750	130	11 101	16
海淀区	270	58 284 567	116	298 299	804	42 115	229
门头沟区	562	26 540	12	0	268	18 770	221
房山区	70	82 410	3	500	292	30 968	20
通州区	108	37 748	1	103	456	36 437	13
顺义区	90	21 506	0	0	771	48 728	6
昌平区	123	38 737	26	7660	2439	89 457	9
大兴区	138	56 760	8	13 150	1205	45 310	30
怀柔区	171	40 983	0	0	440	21 543	15
平谷区	126	38 341	1	300	617	59 669	12
密云区	145	32 261	0	0	1699	128 487	0
延庆区	173	38 256	3	9000	1692	66 973	24

附表 3-14　2015 年各区创新创业中的科普（一）

地区	众创空间数量 / 个	办公场所建筑面积 / 米²	工作人员数量 / 人	创业导师数量 / 人	服务创业人员数量 / 人
北京	274	456 986	779	698	6963
中央在京	21	35 092	51	182	959
市属	8	6680	201	115	680
区属	245	415 214	527	401	5324
东城区	1	1100	8	4	12
西城区	21	30 800	42	114	445
朝阳区	215	161 540	143	194	1202
丰台区	3	9054	82	28	610
石景山区	8	70 360	79	145	2757
海淀区	17	10 692	188	96	1029
门头沟区	0	0	0	0	0
房山区	2	6000	80	12	60
通州区	1	200	15	2	15
顺义区	2	60 000	40	7	15
昌平区	4	107 240	102	96	818
大兴区	0	0	0	0	0
怀柔区	0	0	0	0	0
平谷区	0	0	0	0	0
密云区	0	0	0	0	0
延庆区	0	0	0	0	0

附表 3-15　2015 年各区创新创业中的科普（二）

地区	政府扶持经费 金额 / 万元	孵化科技类项目 数量 / 个	创新创业培 训次数 / 次	创新创业培训 参加人数 / 人次	科技类项目投资路演 和宣传推介次数 / 次
北京	4194	821	1523	94 505	461
中央在京	330	267	187	29 420	91
市属	20	41	166	9839	102
区属	3844	513	1170	55 245	268
东城区	0	1	21	250	3
西城区	200	157	156	27 733	29
朝阳区	0	77	194	11 888	149
丰台区	320	31	84	2855	35
石景山区	1281	275	133	4478	25
海淀区	130	111	576	15 704	94
门头沟区	0	0	2	0	0
房山区	1092	2	13	1360	10
通州区	0	0	15	340	11
顺义区	0	30	48	2449	4
昌平区	1171	137	83	1630	96
大兴区	0	0	104	20 000	0
怀柔区	0	0	1	30	0
平谷区	0	0	57	4124	0
密云区	0	0	10	370	4
延庆区	0	0	26	1293	1

附表 3-16　2015 年各区创新创业中的科普（三）

地区	科技类项目投资路演和宣传推介参加人数／人次	举办科技类创新创业赛事次数／次	科技类创新创业赛事参加人数／人次	科普企业数量／个	销售额／万元
北京	75 884	210	54 882	100	40 471
中央在京	7030	162	34 260	7	370
市属	61 130	24	7593	5	955
区属	7724	24	13 029	88	39 146
东城区	0	1	2033	0	0
西城区	4330	173	28 762	6	11 190
朝阳区	11 138	9	7087	25	2980
丰台区	1240	1	65	1	0
石景山区	729	6	567	1	110
海淀区	55 286	8	9900	6	135
门头沟区	0	0	0	0	0
房山区	202	2	400	0	0
通州区	30	1	5000	8	7027
顺义区	120	0	0	17	3400
昌平区	2049	6	730	34	10 729
大兴区	500	1	300	1	4900
怀柔区	0	0	0	0	0
平谷区	0	0	0	0	0
密云区	60	1	38	0	0
延庆区	200	1	0	0	0

附录4　2014年全国科普统计
北京地区分类数据统计表

　　各项统计数据包括中央在京单位、市属单位和区县单位的数据。

　　4个功能区的划分：首都功能核心区包括：东城区、西城区2个区；城市功能拓展区包括：朝阳区、丰台区、石景山区、海淀区4个区；城市发展新区包括：房山区、通州区、顺义区、昌平区、大兴区5个区；生态涵养发展区包括：门头沟区、平谷区、怀柔区、密云县①、延庆县5个区县。

---

　　①　2015年12月,密云区、延庆区正式挂牌。本书中涉及这两个地方的称呼在2015年之前的依然为密云县、延庆县。

附表 4-1 2014 年各区县科普人员 （一）　　　　　　　　　　单位: 人

地区	科普专职人员	中级职称以上或大学本科以上学历人员	女性	农村科普人员	管理人员	科普创作人员
北京	7062	4915	3596	994	1580	1132
中央在京	2157	1749	1142	121	503	475
市属	1487	1195	866	9	387	455
区县属	3418	1971	1588	864	690	202
东城区	755	532	363	0	139	135
西城区	853	690	472	68	245	147
朝阳区	1567	1261	844	72	369	301
丰台区	390	288	168	10	98	34
石景山区	213	205	134	0	23	5
海淀区	986	793	565	1	260	305
门头沟区	99	60	36	22	26	6
房山区	169	65	126	29	41	17
通州区	97	81	37	8	30	1
顺义区	72	42	48	8	5	5
昌平区	205	135	94	37	42	83
大兴区	717	201	325	308	120	26
怀柔区	154	26	39	6	30	39
平谷区	409	259	162	375	50	1
密云县	151	107	76	17	54	0
延庆县	225	170	107	33	48	27

附表 4-2 2014 年各区县科普人员（二）　　　　　　　　　　　　　　　　单位: 人

地区	科普兼职人员	中级职称以上或大学本科以上学历人员	女性	农村科普人员	年度实际投入工作量 / 人月	注册科普志愿者
北京	34 677	21 456	19 014	3810	48 440	20 676
中央在京	5884	5062	3117	153	5414	4024
市属	6123	4013	3511	83	7563	387
区县属	22 670	12 381	12 386	3574	35 463	16 265
东城区	2342	1361	1243	1	3152	234
西城区	4128	2980	2347	55	7077	4658
朝阳区	5991	4502	3922	325	5773	2250
丰台区	2202	1349	1496	70	3117	346
石景山区	1791	908	1331	2	2323	1002
海淀区	3761	3006	2136	186	4741	7768
门头沟区	890	300	255	175	584	113
房山区	1270	740	529	292	1874	430
通州区	900	581	513	216	1304	47
顺义区	2974	1485	1307	356	2224	2402
昌平区	1477	776	719	315	2740	417
大兴区	2035	961	694	791	5556	503
怀柔区	1483	745	884	246	1382	41
平谷区	365	227	152	190	810	430
密云县	1731	785	849	287	2585	0
延庆县	1337	750	637	303	3198	35

附表 4-3　2014 年各区县科普场地（一）

地区	科技馆 / 个	建筑面积 / 米²	展厅面积 / 米²	当年参观人数 / 人次
北京	31	319 979	167 501	4 719 603
中央在京	4	106 200	65 280	3 239 000
市属	11	50 180	22 750	862 574
区县属	16	163 599	79 471	618 029
东城区	1	660	600	13 171
西城区	4	14 400	11 000	75 500
朝阳区	4	125 725	69 830	3 432 295
丰台区	3	13 613	3560	104 500
石景山区	1	9200	8000	15 000
海淀区	7	69 860	22 050	588 127
门头沟区	1	3800	700	3000
房山区	0	0	0	0
通州区	1	3170	270	5000
顺义区	0	0	0	0
昌平区	2	2300	2000	6200
大兴区	2	6763	4000	62 010
怀柔区	2	60 900	40 430	400 000
平谷区	1	500	160	2800
密云县	1	6998	3581	1000
延庆县	1	2090	1320	11 000

附表 4-4　2014 年各区县科普场地（二）

地区	科学技术博物馆 /个	建筑面积/米²	展厅面积/米²	当年参观人数/人次	青少年科技馆（站）/个
北京	70	777 777	308 565	11 221 642	11
中央在京	22	231 438	113 593	2 368 963	0
市属	26	385 534	117 143	6 502 768	2
区县属	22	160 805	77 829	2 349 911	9
东城区	8	107 767	34 540	1 289 876	2
西城区	7	141 270	27 250	3 334 214	1
朝阳区	14	141 990	65 368	1 829 992	1
丰台区	4	111 518	31 935	1 087 794	2
石景山区	1	6300	4300	11 051	0
海淀区	12	70 526	32 335	564 953	1
门头沟区	1	10 120	2400	48 000	0
房山区	3	23 694	12 242	240 270	0
通州区	2	20 402	8600	40 000	0
顺义区	0	0	0	0	1
昌平区	4	74 650	46 865	1 242 300	0
大兴区	3	23 850	13 312	341 000	1
怀柔区	1	5500	5000	30 000	1
平谷区	0	0	0	0	1
密云县	3	9300	5200	141 417	0
延庆县	7	30 890	19 218	1 020 775	0

附表 4-5　2014 年各区县科普场地（三）

地区	城市社区科普（技）专用活动室 / 个	农村科普（技）活动场地 / 个	科普宣传专用车 / 辆	科普画廊 / 个
北京	1014	1839	82	3231
中央在京	22	1	0	109
市属	36	0	14	225
区县属	956	1838	68	2897
东城区	107	0	4	185
西城区	121	0	7	242
朝阳区	172	134	9	309
丰台区	95	20	1	797
石景山区	41	0	2	153
海淀区	92	43	2	176
门头沟区	7	17	2	78
房山区	35	70	18	73
通州区	15	174	2	232
顺义区	35	122	1	144
昌平区	111	127	12	240
大兴区	34	115	8	98
怀柔区	44	201	0	44
平谷区	23	107	2	90
密云县	36	354	4	125
延庆县	46	355	8	245

附表 4-6　2014 年各区县科普经费（一）　　　　　　　　　　　单位: 万元

地区	年度科普经费筹集额	政府拨款	科普专项经费	社会捐赠	自筹资金	其他收入
北京	217 381.08	149 798.52	99 008.85	9718.50	49 775.23	8088.83
中央在京	109 575.08	70 403.36	50 585.93	9601.5	27 863.94	1706.28
市属	63 124.85	45 605.57	26 781.80	0	12 942.65	4576.63
区县属	44 681.15	33 789.59	21 641.13	117.00	8968.64	1805.92
东城区	21 156.13	14 344.71	7169.45	4684.00	1182.40	945.02
西城区	36 903.07	21 405.01	5831.39	4240.00	7882.51	3375.55
朝阳区	69 454.65	51 679.81	38 528.56	140.00	15 736.70	1898.14
丰台区	13 389.39	10 457.48	8574.63	0	2201.09	730.82
石景山区	1550.87	1187.72	1108.77	0	304.90	58.25
海淀区	51 315.89	35 374.54	30 398.07	637.50	14 960.45	343.40
门头沟区	1407.43	1053.93	700.48	0	349.50	4.00
房山区	1767.66	1099.24	878.59	0	638.42	30.00
通州区	3496.68	2547.02	1755.53	0	837.96	111.70
顺义区	1070.18	597.53	298.25	3.00	423.65	46.00
昌平区	2506.17	1797.02	861.84	0	456.85	252.30
大兴区	7324.90	4006.71	1043.73	2.00	3230.19	86.00
怀柔区	1376.91	920.65	436.50	1.00	343.35	111.91
平谷区	496.42	440.99	171.65	0	50.74	4.69
密云县	1377.79	742.84	398.20	1.00	573.20	60.75
延庆县	2786.94	2143.32	853.22	10.00	603.32	30.30

附表 4-7 2014 年各区县科普经费（二）　　　　　　　　　　　单位: 万元

地区	科技活动周经费筹集额	政府拨款	企业赞助	年度科普经费使用额	行政支出	科普活动支出
北京	2637.67	2091.76	135.93	210 522.76	32 929.60	112 852.11
中央在京	390.37	172.99	45.43	101 127.43	15 383.58	58 461.55
市属	1506.68	1387.95	19.00	64 685.17	10 603.57	34 596.12
区县属	740.62	530.82	71.50	44 710.16	6942.45	19 794.44
东城区	75.10	67.55	1.05	20 901.05	122.30	14 410.30
西城区	219.57	180.27	11.60	34 373.68	12 564.56	9965.41
朝阳区	605.16	419.96	1.00	63 324.73	12 333.18	46 109.24
丰台区	44.64	37.81	0.50	12 454.26	640.27	2013.17
石景山区	25.10	20.60	0	1038.95	10.20	717.89
海淀区	1182.25	1115.72	43.78	48 923.73	2685.11	26 978.76
门头沟区	10.03	8.93	1.00	1524.77	407.16	927.16
房山区	32.00	7.00	5.00	1827.62	20.80	1008.05
通州区	96.52	49.52	7.00	3431.63	362.73	1354.50
顺义区	49.08	23.08	13.00	1050.03	22.02	457.86
昌平区	104.30	30.30	42.00	2235.39	436.80	1450.15
大兴区	33.52	31.52	2.00	5288.19	2631.92	976.67
怀柔区	55.50	49.50	0	1664.11	112.80	489.35
平谷区	9.20	8.20	0	647.42	37.20	595.02
密云县	58.20	12.60	1.00	1307.69	19.80	968.50
延庆县	37.50	29.20	7.00	5730.52	522.75	4430.09

附表 4-8　2014 年各区县科普经费（三）　　　　　　　　　　单位: 万元

地区	年度科普经费使用额				其他支出
	科普场馆基建支出	政府拨款支出	场馆建设支出	展品、设施支出	
北京	25 692.14	8751.05	5496.18	17 143.09	39 048.91
中央在京	10 330.32	171.98	2230.32	7719.50	16 951.98
市属	5588.90	3649.41	1165.20	3614.36	13 896.58
区县属	9772.92	4929.66	2100.66	5809.23	8200.35
东城区	5727.93	952.43	1265.93	3823.50	640.52
西城区	5302.20	210.00	935.10	4297.10	6541.51
朝阳区	2540.38	197.87	882.00	1176.66	7140.93
丰台区	2481.43	2105.92	199.20	1554.15	7319.40
石景山区	244.46	4.50	0	244.46	66.40
海淀区	3515.91	2269.57	556.58	2827.54	15 743.95
门头沟区	169.70	115.20	33.00	120.70	20.75
房山区	735.82	548.82	105.00	490.82	62.95
通州区	1613.80	1297.50	296.05	1304.95	100.60
顺义区	450.60	41.00	329.00	100.60	119.55
昌平区	312.60	30.00	92.00	194.86	35.84
大兴区	642.60	450.00	445.00	112.60	1037.00
怀柔区	1002.70	267.00	80.00	292.70	59.26
平谷区	15.00	0	8.00	0	0.20
密云县	269.94	13.24	136.40	120.30	49.45
延庆县	667.08	248.00	132.92	482.16	110.60

附表 4-9　2014 年各区县科普传媒（一）

地区	科普图书		科普期刊		科普（技）音像制品		
	出版种数 / 种	年出版 总册数 / 册	出版种数 / 种	出版总册数 / 册	出版种数 / 种	光盘发行总 量 / 张	录音、录像 带发行总量 / 盒
北京	3605	27 954 275	68	13 788 300	71	244 501	4385
中央在京	2450	19 138 775	59	11 637 900	25	146 090	4385
市属	1155	8 815 500	7	2 118 400	46	98 411	0
区县属	0	0	2	32 000	0	0	0
东城区	338	1 305 012	11	1 152 400	3	42 200	0
西城区	1205	8 960 000	15	4 600 400	15	47 250	4010
朝阳区	1341	6 120 000	17	5 662 900	12	94 351	0
丰台区	151	735 700	5	948 000	0	0	0
石景山区	0	0	1	18 000	0	0	0
海淀区	569	10 832 563	18	1 386 600	5	9900	375
门头沟区	0	0	0	0	0	0	0
房山区	0	0	1	20 000	0	300	0
通州区	0	0	0	0	0	0	0
顺义区	0	0	0	0	0	0	0
昌平区	1	1000	0	0	0	0	0
大兴区	0	0	0	0	36	50 500	0
怀柔区	0	0	0	0	0	0	0
平谷区	0	0	0	0	0	0	0
密云县	0	0	0	0	0	0	0
延庆县	0	0	0	0	0	0	0

附表 4-10　2014 年各区县科普传媒（二）

地区	科技类报纸年发行总份数 / 份	电视台播出科普（技）节目时间 / 小时	电台播出科普（技）节目时间 / 小时	科普网站个数 / 个	发放科普读物和资料 / 份
北京	21 856 000	8822	9885	184	34 955 966
中央在京	21 356 000	4405	8730	81	10 764 319
市属	500 000	2500	426	37	5 637 712
区县属	0	1917	729	66	18 553 935
东城区	2 286 000	0	0	11	1 925 357
西城区	153 600	0	3739	33	9 913 685
朝阳区	500 000	2500	426	42	4 368 522
丰台区	0	550	0	7	4 104 736
石景山区	0	0	4991	3	913 799
海淀区	18 956 000	4405	0	35	3 112 491
门头沟区	0	4	0	4	181 389
房山区	0	22	55	3	763 861
通州区	0	8	4	4	1 063 694
顺义区	0	168	28	0	926 760
昌平区	0	208	365	22	1 852 968
大兴区	0	30	30	6	536 558
怀柔区	0	115	96	2	804 477
平谷区	0	36	12	4	911 551
密云县	0	56	122	5	1 134 823
延庆县	0	720	17	3	2 441 295

附表 4-11　2014 年各区县科普活动（一）

地区	科普（技）讲座		科普（技）展览		科普（技）竞赛	
	举办次数 / 次	参加人数 / 人次	专题展览次数 / 次	参观人数 / 人次	举办次数 / 次	参加人数 / 人次
北京	48 898	5 598 585	4935	39 685 186	3035	64 984 132
中央在京	3895	692 623	902	25 583 176	320	63 533 683
市属	8421	1 846 825	796	10 606 617	687	389 140
区县属	36 582	3 059 137	3237	3 495 393	2028	1 061 309
东城区	5608	414 768	284	5 451 326	341	222 757
西城区	5458	431 225	510	2 389 001	479	63 569 375
朝阳区	7656	819 194	877	19 361 667	731	261 029
丰台区	3727	1 179 397	153	2 159 405	190	73 693
石景山区	1115	100 512	54	39 250	74	33 800
海淀区	5327	933 158	716	8 349 390	252	355 785
门头沟区	662	61 191	230	29 453	44	16 345
房山区	1169	138 009	76	105 442	54	16 471
通州区	1641	160 500	86	59 580	139	68 560
顺义区	2797	186 742	120	290 839	61	4866
昌平区	1717	134 651	210	396 455	52	8951
大兴区	1609	125 952	236	147 331	63	23 278
怀柔区	2796	247 238	1012	241 500	288	124 355
平谷区	814	131 694	48	10 646	28	5421
密云县	5148	359 382	114	91 740	157	165 227
延庆县	1654	174 972	209	562 161	82	34 219

附表4-12　2014年各区县科普活动（二）

地区	科普国际交流		成立青少年科技兴趣小组		科技夏（冬）令营	
	举办次数／次	参加人数／人次	兴趣小组数／个	参加人数／人次	举办次数／次	参加人数／人次
北京	356	33 866	3310	350 641	1058	135 440
中央在京	206	6501	308	11 123	215	30 952
市属	92	18 996	83	44 170	193	8661
区县属	58	8369	2919	295 348	650	95 827
东城区	11	3142	324	11 729	68	6759
西城区	82	8647	445	69 425	195	9853
朝阳区	94	4440	436	31 907	105	11 622
丰台区	3	83	342	60 476	48	12 903
石景山区	0	0	489	14 560	22	2657
海淀区	121	4412	360	29 320	129	16 928
门头沟区	5	68	23	568	27	10 397
房山区	1	80	122	1648	8	500
通州区	3	5018	108	3567	9	716
顺义区	4	260	89	3579	91	5774
昌平区	12	427	51	1181	29	5960
大兴区	11	6409	71	6050	54	24 395
怀柔区	0	0	243	108 020	245	22 140
平谷区	1	60	27	1263	3	30
密云县	4	500	84	4386	5	476
延庆县	4	320	96	2962	20	4330

附表4-13　2014年各区县科普活动（三）

地区	科普活动周		大学、科研机构向社会开放		举办实用技术培训		重大科普活动次数/次
	科普专题活动次数/次	参加人数/人次	开放单位个数/个	参观人数/人次	举办次数/次	参加人数/人次	
北京	3672	58 411 039	569	494 183	18 452	1 013 571	605
中央在京	251	56 424 267	438	251 413	537	70 037	142
市属	253	1 123 303	84	33 957	3265	82 063	142
区县属	3168	863 469	47	208 813	14 650	861 471	321
东城区	560	268 683	46	8188	326	28 820	50
西城区	340	56 228 024	32	155 350	3640	126 540	114
朝阳区	523	182 401	282	234 955	671	45 171	141
丰台区	343	222 134	3	18 994	168	9514	40
石景山区	176	66 819	1	5000	96	8237	30
海淀区	280	1 116 123	169	54 026	792	86 727	115
门头沟区	168	29 064	9	0	224	10 064	13
房山区	104	12 595	0	0	2689	61 308	2
通州区	70	20 807	3	1000	863	58 069	15
顺义区	176	16 173	0	0	224	21 980	5
昌平区	144	32 353	6	7200	828	47 377	8
大兴区	172	58 870	3	660	1208	69 109	9
怀柔区	235	28 809	0	0	661	75 471	15
平谷区	116	28 792	1	250	984	67 467	27
密云县	125	27 406	0	0	1621	142 232	0
延庆县	140	71 986	14	8560	3457	155 485	21

附录5 2013年全国科普统计
北京地区分类数据统计表

　　各项统计数据包括中央在京单位、市属单位和区县单位的数据。

　　4个功能区的划分：首都功能核心区包括：东城区、西城区2个区；城市功能拓展区包括：朝阳区、丰台区、石景山区、海淀区4个区；城市发展新区包括：房山区、通州区、顺义、昌平区、大兴区5个区；生态涵养发展区包括：门头沟区、平谷区、怀柔区、密云县、延庆县5个区县。

附表 5-1　2013 年各区县科普人员（一）　　　　　　　　单位: 人

地区	科普专职人员	中级职称以上或大学本科以上学历人员	女性	农村科普人员	管理人员	科普创作人员
北京	7869	4959	3933	737	1793	1560
中央在京	2925	1998	1490	94	683	819
市属	1712	1270	989	53	380	539
区县属	3232	1691	1454	590	730	202
东城区	508	430	332	2	119	136
西城区	1132	861	565	50	342	408
朝阳区	1837	1291	1027	64	315	430
丰台区	408	275	202	4	109	30
石景山区	200	187	115	0	30	4
海淀区	1384	931	748	42	393	317
门头沟区	145	64	46	34	34	10
房山区	734	140	242	167	86	11
通州区	164	110	78	57	44	5
顺义区	128	43	55	3	16	20
昌平区	307	149	103	24	74	107
大兴区	408	144	174	177	92	53
怀柔区	37	22	15	3	9	4
平谷区	116	48	37	57	37	6
密云县	157	107	87	18	44	0
延庆县	204	157	107	35	49	19

附表5-2　2013年各区县科普人员（二）　　　　　　　　　　　　单位：人

地区	科普兼职人员	中级职称以上或大学本科以上学历人员	女性	农村科普人员	年度实际投入工作量／人月	注册科普志愿者
北京	41 056	25 896	22 124	4755	64 269	50 236
中央在京	9728	8386	5093	143	14 577	3473
市属	5718	4563	3547	261	7139	13 381
区县属	25 610	12 947	13 484	4351	42 553	33 382
东城区	5797	4417	3635	1	6780	1124
西城区	4199	3248	2547	117	6202	3830
朝阳区	7112	5636	4441	377	13 430	16 050
丰台区	1803	1191	1162	133	3577	895
石景山区	1902	985	1401	3	1018	1001
海淀区	4048	3105	2104	258	5865	21 933
门头沟区	495	320	207	121	1353	26
房山区	2785	765	759	559	7087	2049
通州区	1183	651	637	365	1437	753
顺义区	3102	1575	1301	393	3303	202
昌平区	1586	913	693	427	2429	325
大兴区	1743	553	674	489	3713	1912
怀柔区	1439	704	887	278	1332	3
平谷区	550	349	313	186	1033	46
密云县	1818	691	681	589	2597	0
延庆县	1494	793	682	459	3113	87

附表 5-3　2013 年各区县科普场地（一）

地区	科技馆 / 个	建筑面积 / 米²	展厅面积 / 米²	当年参观人数 / 人次
北京	22	184 852	106 563	4 082 159
中央在京	2	102 700	62 480	3 031 000
市属	9	41 163	21 000	986 450
区县属	11	40 989	23 083	64 709
东城区	0	0	0	0
西城区	2	8500	5500	54 500
朝阳区	3	115 230	67 980	3 271 303
丰台区	1	3713	700	2000
石景山区	1	9000	8000	15 000
海淀区	3	7898	2500	520 609
门头沟区	1	3800	700	3000
房山区	2	5390	4500	10 000
通州区	1	3170	270	5000
顺义区	0	0	0	0
昌平区	2	2300	2080	8000
大兴区	4	16 763	9000	180 647
怀柔区	0	0	0	0
平谷区	0	0	0	0
密云县	1	6998	4013	2500
延庆县	1	2090	1320	9600

附表 5-4 2013 年各区县科普场地（二）

地区	科学技术博物馆 /个	建筑面积 / 米²	展厅面积 / 米²	当年参观人数 / 人次	青少年科技馆（站）/个
北京	70	865 719	314 767	13 992 189	16
中央在京	22	364 018	149 893	3 107 329	1
市属	25	350 620	93 637	8 827 457	1
区县属	23	151 081	71 237	2 057 403	14
东城区	8	104 254	33 340	1 574 009	3
西城区	8	161 693	46 750	4 329 568	3
朝阳区	11	108 940	50 998	1 862 082	2
丰台区	5	202 518	32 435	2 272 651	4
石景山区	1	6300	4300	10 000	0
海淀区	11	83 695	38 281	392 550	1
门头沟区	1	600	300	5000	0
房山区	3	23 601	9100	251 322	0
通州区	3	21 342	8880	38 450	1
顺义区	0	0	0	0	0
昌平区	4	75 407	48 465	1 359 680	0
大兴区	3	23 979	11 300	799 600	0
怀柔区	1	3600	3400	90 000	1
平谷区	1	8100	2300	3506	1
密云县	3	9300	5200	108 997	0
延庆县	7	32 390	19 718	894 774	0

附表 5-5　2013 年各区县科普场地（三）

地区	城市社区科普（技）专用活动室 / 个	农村科普（技）活动场地 / 个	科普宣传专用车 / 辆	科普画廊 / 个
北京	974	2128	108	4165
中央在京	8	0	1	41
市属	50	3	18	142
区县属	916	2125	89	3982
东城区	71	0	6	194
西城区	90	1	7	161
朝阳区	243	121	15	466
丰台区	62	14	1	716
石景山区	34	0	1	140
海淀区	100	38	7	125
门头沟区	15	21	3	109
房山区	32	103	17	137
通州区	45	302	2	214
顺义区	59	141	2	168
昌平区	80	155	3	267
大兴区	15	160	12	139
怀柔区	26	177	2	396
平谷区	56	218	26	633
密云县	13	296	3	102
延庆县	33	381	1	198

附表 5-6　2013 年各区县科普经费（一）　　　　　　　　　　　单位：万元

地区	年度科普经费筹集额	政府拨款	科普专项经费	社会捐赠	自筹资金	其他收入
北京	212 731.22	154 209.85	93 187.58	2612.18	51 238.48	4677.71
中央在京	102 934.48	69 189.77	49 110.32	2291.68	29 241.76	2211.27
市属	61 953.45	45 407.25	17 538.01	2.00	15 081.86	1462.34
区县属	47 843.29	39 612.83	26 539.25	318.50	6914.86	1004.10
东城区	16 322.95	12 089.94	2453.85	1103.00	2927.01	203.00
西城区	30 920.17	19 994.96	3607.46	160.00	965 834	1106.87
朝阳区	83 196.21	52 624.63	37 349.66	377.50	28 544.72	1650.36
丰台区	11 860.88	11 189.50	10 034.90	0	577.98	99.40
石景山区	1589.67	1339.80	485.70	10.00	84.97	154.90
海淀区	41 771.87	36 148.17	28 100.48	850.68	4263.49	509.53
门头沟区	1458.46	994.46	643.24	0	436.00	28.00
房山区	2606.01	2274.07	968.47	5.00	324.94	2.00
通州区	4183.59	3334.79	1404.29	10.00	648.50	190.30
顺义区	2948.13	1933.43	453.01	3.00	893.85	117.85
昌平区	2144.22	1660.56	871.89	0	253.66	230.00
大兴区	3430.56	1919.04	835.87	2.00	1375.13	134.40
怀柔区	1152.13	645.80	400.80	86.00	235.33	185.00
平谷区	2547.96	2338.26	1220.60	0	207.70	2.00
密云县	1005.31	721.20	427.50	1.00	239.01	44.10
延庆县	5593.09	5001.24	3929.85	4.00	567.85	20.00

附表 5-7 2013 年各区县科普经费（二）   单位：万元

地区	科技活动周经费筹集额	政府拨款	企业赞助	年度科普经费使用额	行政支出	科普活动支出
北京	2018.39	1602.66	151.03	186 784.29	27 146.13	106 048.20
中央在京	376.99	196.72	106.13	85 498.54	13 812.52	53 717.28
市属	854.36	801.96	19.00	61 422.10	8278.27	34 562.47
区县属	787.05	603.99	25.90	39 863.65	5055.34	17 768.45
东城区	104.50	102.95	0.05	16 160.83	397.08	14 513.63
西城区	137.13	124.69	0	30 100.84	10 485.19	9476.93
朝阳区	443.22	233.31	113.30	68 602.12	9840.41	36 451.90
丰台区	17.59	7.44	0	9042.16	236.44	1979.35
石景山区	24.10	18.40	0.50	1539.44	126.20	455.53
海淀区	830.21	795.01	22.78	37 753.28	3188.25	31 979.07
门头沟区	26.32	24.22	0	1217.69	445.37	494.29
房山区	2.00	2.00	0	3162.45	37.74	986.96
通州区	90.35	79.25	5.00	3671.35	322.82	1285.73
顺义区	50.45	32.80	3.40	2914.41	35.40	2171.41
昌平区	90.00	88.50	0	1905.14	445.50	1219.14
大兴区	29.20	27.20	2.00	4027.36	614.08	1150.63
怀柔区	42.60	16.60	0	1176.03	104.00	629.03
平谷区	47.92	16.30	0	2356.94	516.12	1166.22
密云县	51.82	9.00	1.00	981.93	34.20	835.29
延庆县	31.00	25.00	3.00	2172.33	317.33	1253.10

附表 5-8　2013 年各区县科普经费（三）　　　　　　　　单位：万元

地区	年度科普经费使用额				
	科普场馆基建支出	政府拨款支出	场馆建设支出	展品、设施支出	其他支出
北京	22 587.45	11 613.75	7144.51	7142.84	31 001.51
中央在京	8578.10	7001.50	1058.00	1051.60	9390.64
市属	4904.36	1128.01	2681.97	1367.99	13 677.00
区县属	9104.99	3484.24	3404.54	4723.25	7933.87
东城区	771.80	491.00	75.00	190.00	478.33
西城区	1661.00	280.00	1269.00	218.00	8477.72
朝阳区	8993.16	7206.50	954.40	1615.86	13 315.64
丰台区	514.94	243.04	134.40	394.17	6311.43
石景山区	949.51	741.00	541.00	244.01	8.20
海淀区	1595.39	166.97	510.82	900.57	990.57
门头沟区	256.40	22.40	182.40	55.00	21.63
房山区	1972.96	1426.00	1498.79	304.64	164.79
通州区	1722.00	558.00	992.00	160.00	340.80
顺义区	661.00	0	216.00	445.00	46.60
昌平区	219.00	132.00	65.00	149.00	21.50
大兴区	1668.84	144.84	188.01	1437.83	593.81
怀柔区	387.00	202.00	112.00	220.00	56.00
平谷区	668.50	0	230.00	438.50	6.10
密云县	70.53	0	4.00	66.53	41.91
延庆县	475.42	0	171.69	303.73	126.48

附表5-9　2013年各区县科普传媒（一）

地区	科普图书		科普期刊		科普（技）音像制品		
	出版种数/种	年出版总册数/册	出版种数/种	出版总册数/册	出版种数/种	光盘发行总量/张	录音、录像带发行总量/盒
北京	3749	51 590 376	67	43 550 424	66	728 316	0
中央在京	2613	42 540 576	56	40 101 800	28	571 450	0
市属	1136	9 049 800	10	3 433 624	30	154 606	0
区县属	0	0	1	15 000	8	2260	0
东城区	173	2 678 000	9	14 589 424	0	0	0
西城区	1548	11 462 800	6	3 904 000	19	645 100	0
朝阳区	1368	6 384 000	21	19 282 200	28	59 010	0
丰台区	151	735 700	4	936 000	0	0	0
石景山区	0	0	1	20 000	5	0	0
海淀区	509	30 329 876	25	4 803 800	6	21 000	0
门头沟区	0	0	1	15 000	1	1500	0
房山区	0	0	0	0	0	300	0
通州区	0	0	0	0	0	0	0
顺义区	0	0	0	0	0	0	0
昌平区	0	0	0	0	4	1000	0
大兴区	0	0	0	0	1	6	0
怀柔区	0	0	0	0	0	0	0
平谷区	0	0	0	0	2	400	0
密云县	0	0	0	0	0	0	0
延庆县	0	0	0	0	0	0	0

附表 5-10 2013 年各区县科普传媒（二）

地区	科技类报纸年发行总份数 / 份	电视台播出科普（技）节目时间 / 小时	电台播出科普（技）节目时间 / 小时	科普网站个数 / 个	发放科普读物和资料 / 份
北京	70 523 260	13 941	27 612	234	37 038 086
中央在京	70 023 260	9733	22 184	102	9 278 890
市属	500 000	3389	3903	47	6 783 356
区县属	0	819	1525	85	20 975 840
东城区	17 940 000	4	2	19	2 830 196
西城区	700 000	324	10 761	24	6 036 235
朝阳区	5 012 000	7972	4053	64	9 280 169
丰台区	0	0	0	6	1 447 230
石景山区	0	4	11 263	5	629 610
海淀区	51 371 260	4818	8	66	5 634 740
门头沟区	0	4	0	4	474 164
房山区	0	20	50	8	1 550 830
通州区	0	3	3	2	962 065
顺义区	0	146	215	0	1 594 305
昌平区	0	150	80	17	1 879 072
大兴区	0	0	0	6	882 453
怀柔区	0	270	384	0	960 230
平谷区	0	36	12	3	260 390
密云县	0	46	61	7	1 069 122
延庆县	0	144	720	3	1 547 275

附表 5-11　2013 年各区县科普活动（一）

地区	科普（技）讲座		科普（技）展览		科普（技）竞赛	
	举办次数 / 次	参加人数 / 人次	专题展览次数 / 次	参观人数 / 人次	举办次数 / 次	参加人数 / 人次
北京	50 603	6 542 274	5942	33 215 228	3302	5 118 885
中央在京	4360	1 573 061	687	13 485 468	282	2 528 637
市属	9792	1 566 708	1310	17 579 166	1076	1 402 935
区县属	36 451	3 402 505	3945	2 150 594	1944	1 187 313
东城区	5758	746 181	231	6 872 493	360	2 609 172
西城区	6984	1 018 494	495	4 270 969	543	1 424 284
朝阳区	9788	1 253 208	1198	11 751 492	953	258 060
丰台区	2262	375 214	196	1 807 972	186	55 853
石景山区	1036	128 831	112	95 770	103	49 250
海淀区	5481	1 154 974	610	4 925 937	389	223 115
门头沟区	1433	163 736	68	17 899	27	13 311
房山区	1071	159 549	204	795 998	35	7155
通州区	1678	116 730	96	70 183	115	110 735
顺义区	2220	143 616	108	43 867	69	139 799
昌平区	1256	103 806	132	1 188 675	74	10 901
大兴区	746	178 412	536	621 422	51	10 203
怀柔区	2271	183 244	121	87 450	40	27 705
平谷区	1743	197 876	227	60 406	25	6934
密云县	4789	354 877	1407	90 273	256	139 735
延庆县	2087	263 526	201	514 422	76	32 673

附表 5-12 2013 年各区县科普活动（二）

地区	科普国际交流		成立青少年科技兴趣小组		科技夏（冬）令营	
	举办次数 / 次	参加人数 / 人次	兴趣小组数 / 个	参加人数 / 人次	举办次数 / 次	参加人数 / 次
北京	351	24 563	5183	359 439	740	115 533
中央在京	124	11 624	321	18 092	137	27 722
市属	134	9095	453	7435	72	4221
区县属	93	3844	4409	333 912	531	83 590
东城区	14	2247	390	13 541	76	6389
西城区	63	2868	2209	62 176	105	7488
朝阳区	58	1217	926	32 802	95	7241
丰台区	1	11	401	20 888	70	18 713
石景山区	9	193	179	11 411	51	4440
海淀区	88	9091	433	31 289	93	8369
门头沟区	6	70	27	677	20	3160
房山区	5	700	54	1832	16	1525
通州区	2	500	125	51 235	6	275
顺义区	3	130	76	116 376	65	8780
昌平区	28	6268	49	4937	22	6010
大兴区	66	393	18	2151	57	29 231
怀柔区	0	0	80	3116	45	7950
平谷区	2	70	27	774	4	320
密云县	2	200	99	4512	5	1643
延庆县	4	605	90	1722	10	3999

附表 5-13　2013 年各区县科普活动（三）

地区	科普活动周		大学、科研机构向社会开放		举办实用技术培训		重大科普活动次数 / 次
	科普专题活动次数 / 次	参加人数 / 人次	开放单位个数 / 个	参观人数 / 人次	举办次数 / 次	参加人数 / 人次	
北京	3803	2 678 769	352	266 804	19 113	1 171 002	4044
中央在京	157	187 866	221	112 142	1313	113 488	124
市属	477	1 253 341	78	127 411	3980	242 186	193
区县属	3169	1 237 562	53	27 251	13 820	815 328	3727
东城区	583	318 799	43	82 988	1097	105 460	146
西城区	461	230 465	5	16 774	3521	117 971	112
朝阳区	775	312 322	116	23 461	987	124 924	207
丰台区	263	859 316	3	9000	237	40 517	3029
石景山区	115	33 350	2	4000	97	11 097	22
海淀区	235	214 582	123	94 882	1671	78 108	143
门头沟区	211	25 869	13	1000	449	31 926	11
房山区	96	105 251	7	4100	1534	75 604	27
通州区	162	323 118	3	2000	1153	45 488	28
顺义区	210	37 993	0	0	1014	62 824	10
昌平区	90	63 747	7	10 400	639	39 014	23
大兴区	118	49 280	23	14 499	1136	81 192	31
怀柔区	96	18 614	0	0	474	19 677	197
平谷区	122	21 755	1	300	907	58 043	32
密云县	131	20 887	0	0	1692	140 489	0
延庆县	135	43 421	6	3400	2505	138 668	26

附录 6　2012 年全国科普统计 北京地区分类数据统计表

各项统计数据包括中央在京单位、市属单位和区县单位的数据。

4 个功能区的划分：首都功能核心区包括：东城区、西城区 2 个区；城市功能拓展区包括：朝阳区、丰台区、石景山区、海淀区 4 个区；城市发展新区包括：房山区、通州区、顺义区、昌平区、大兴区 5 个区；生态涵养发展区包括：门头沟区、平谷区、怀柔区、密云县、延庆县 5 个区县。

附表 6-1　2012 年各区县科普人员（一）　　　　　单位：人

地区	科普专职人员	中级职称以上或大学本科以上学历人员	女性	农村科普人员	管理人员	科普创作人员
北京	6728	4581	3672	637	1556	1339
中央在京	2617	1794	1408	86	569	641
市属	1229	980	647	19	289	475
区县属	2882	1807	1617	532	698	223
东城区	565	464	370	7	111	139
西城区	652	561	347	6	191	157
朝阳区	1545	1181	859	70	427	355
丰台区	430	224	246	19	57	9
石景山区	316	269	193	0	35	3
海淀区	1628	1039	836	33	330	538
门头沟区	75	48	32	15	26	1
房山区	373	142	257	201	96	26
通州区	171	124	100	33	42	11
顺义区	98	55	42	3	18	10
昌平区	115	82	55	23	35	22
大兴区	246	94	125	92	48	54
怀柔区	44	25	20	1	16	3
平谷区	144	62	51	70	34	8
密云县	160	89	66	29	45	0
延庆县	166	122	73	35	45	3

附表6-2　2012年各区县科普人员（二）　　　　　　　　　单位：人

地区	科普兼职人员	中级职称以上或大学本科以上学历人员	女性	农村科普人员	年度实际投入工作量/人月	注册科普志愿者
北京	36 172	22 758	20 302	4289	58 422	33 348
中央在京	9467	8379	4954	76	9523	1756
市属	2961	2350	1478	224	5561	5815
区县属	23 744	12 029	13 870	3989	43 338	25 777
东城区	4991	3819	3134	17	7298	1032
西城区	2582	2012	1489	101	5244	3531
朝阳区	7495	5850	4151	510	8346	4305
丰台区	1770	994	1022	192	3045	4215
石景山区	1362	861	924	0	1798	1124
海淀区	4877	3484	2759	252	7055	12 445
门头沟区	646	368	327	144	971	106
房山区	2074	858	959	630	8658	1958
通州区	1350	657	719	307	924	0
顺义区	797	449	449	0	1059	150
昌平区	1067	519	463	367	2841	2231
大兴区	1600	426	1121	242	1892	2084
怀柔区	1373	644	802	255	1932	0
平谷区	1059	578	418	587	3020	102
密云县	1931	624	1004	260	1646	0
延庆县	1198	615	561	425	2693	65

附表 6-3　2012 年各区县科普场地（一）

地区	科技馆/个	建筑面积/米²	展厅面积/米²	当年参观人数/人次
北京	21	170 509	98 734	4 214 353
中央在京	4	104 785	64 045	2 927 000
市属	7	24 171	11 070	1 068 153
区县属	10	41 553	23 619	219 200
东城区	1	3078	2300	23 026
西城区	0	0	0	0
朝阳区	5	123 657	71 766	3 173 127
丰台区	2	4713	1200	101 000
石景山区	1	9000	8000	12 000
海淀区	4	9880	4870	823 200
门头沟区	1	1600	1200	3000
房山区	0	0	0	0
通州区	2	5670	1500	20 000
顺义区	0	0	0	0
昌平区	2	1800	1565	6000
大兴区	1	2763	1000	30 000
怀柔区	0	0	0	0
平谷区	0	0	0	0
密云县	1	6998	4013	3000
延庆县	1	1350	1320	20 000

附表 6-4 2012 年各区县科普场地（二）

地区	科学技术博物馆 / 个	建筑面积 / 米²	展厅面积 / 米²	当年参观人数 / 人次	青少年科技馆站 / 个
北京	60	819 842	286 100	12 723 971	14
中央在京	22	432 375	140 508	5 633 820	2
市属	19	258 599	88 247	4 944 560	1
区县属	19	128 868	57 345	2 145 591	11
东城区	7	105 354	32 740	1 173 756	2
西城区	10	176 792	62 200	3 167 415	3
朝阳区	11	192 585	57 078	1 806 888	3
丰台区	3	151 568	17 395	281 194	2
石景山区	1	6300	4300	8966	0
海淀区	9	49 504	30 227	3 975 663	1
门头沟区	1	10 120	4000	60 000	0
房山区	3	15 000	9460	190 000	0
通州区	1	12 000	5000	20 000	0
顺义区	0	0	0	0	1
昌平区	4	62 150	43 000	795 800	0
大兴区	1	11 379	2400	300 000	0
怀柔区	1	3600	3400	90 000	1
平谷区	0	0	0	0	1
密云县	2	1800	1700	101 170	0
延庆县	6	21 690	13 200	753 119	0

附表 6-5 2012 年各区县科普场地（三）

地区	城市社区科普（技）专用活动室 / 个	农村科普（技）活动场地 / 个	科普宣传专用车 / 辆	科普画廊 / 个
北京	1181	2033	91	3356
中央在京	24	3	6	62
市属	14	78	7	65
区县属	1143	1952	78	3229
东城区	74	0	4	174
西城区	140	0	7	128
朝阳区	254	116	18	356
丰台区	97	19	2	767
石景山区	21	0	1	141
海淀区	276	49	1	223
门头沟区	13	31	1	128
房山区	87	182	16	147
通州区	31	263	2	201
顺义区	17	80	0	32
昌平区	12	97	2	199
大兴区	48	226	8	78
怀柔区	25	164	2	25
平谷区	18	154	23	440
密云县	33	276	3	124
延庆县	35	376	1	193

附表 6-6　2012 年各区县科普经费（一）　　　　　　　　　　　　单位：万元

地区	年度科普经费筹集额	政府拨款	科普专项经费	社会捐赠	自筹资金	其他收入
北京	221 402.16	132 070.06	84 035.00	1645.75	75 663.42	12 022.93
中央在京	112 943.09	51 204.83	37 551.76	1458.25	53 132.67	7147.34
市属	53 450.67	38 159.54	17 786.16	121.60	11 175.12	3994.41
区县属	55 008.40	42 705.69	28 697.08	65.90	11 355.63	881.18
东城区	21 942.66	15 780.26	5364.46	1251.95	3718.73	1191.72
西城区	35 970.97	25 836.55	13 940.13	85.90	9082.45	966.07
朝阳区	52 160.66	35 796.96	22 406.45	207.70	12 414.04	3741.95
丰台区	21 960.78	18 121.83	17 838.12	0.50	3677.20	161.25
石景山区	1010.26	910.82	186.40	0	84.24	15.20
海淀区	48 432.97	24 931.08	19 099.32	70.00	18 813.84	4618.05
门头沟区	1010.77	931.67	618.22	0	44.60	34.50
房山区	1905.28	1618.78	507.00	21.70	232.80	32.00
通州区	1820.86	1467.85	939.00	1.00	228.28	123.73
顺义区	780.51	270.90	198.20	0	81.21	428.40
昌平区	25 373.58	1222.74	632.24	0	23 885.35	265.50
大兴区	2548.68	1161.67	663.63	0	1350.00	37.01
怀柔区	1763.92	556.64	375.88	0	960.28	247.00
平谷区	1574.54	1338.70	183.00	0	162.39	73.45
密云县	1500.13	865.56	529.20	0	556.47	78.10
延庆县	1645.61	1258.06	553.76	7.00	371.55	9.00

附表6-7　2012年各区县科普经费（二）　　　　单位：万元

地区	科技活动周经费筹集额	政府拨款	企业赞助	年度科普经费使用额	行政支出	科普活动支出
北京	2440.75	2010.53	177.03	213 225.76	37 218.23	94 579.12
中央在京	345.22	124.89	118.03	110 046.97	21 642.75	50 713.10
市属	1164.58	1131.30	20.60	51 578.33	8911.02	29 426.91
区县属	930.95	754.34	38.40	51 600.46	6664.46	14 439.11
东城区	110.63	101.10	3.65	19 870.85	1944.70	11 989.53
西城区	965.76	937.71	26.00	34 315.68	9414.23	18 067.61
朝阳区	457.83	251.73	111.50	50 925.98	11 233.76	32 492.28
丰台区	36.20	19.85	0	21 924.84	654.47	2714.57
石景山区	26.39	20.69	0	1050.57	192.61	440.66
海淀区	314.26	266.88	14.98	44 426.83	11 463.11	20 784.03
门头沟区	5.50	4.50	0	795.45	209.09	510.06
房山区	32.50	25.70	4.00	1732.05	138.90	520.73
通州区	175.21	175.21	0	1833.34	545.09	467.60
顺义区	16.90	11.50	2.90	491.51	83.30	361.05
昌平区	39.06	36.00	0	25 386.90	437.60	1703.12
大兴区	49.80	40.80	9.00	4174.57	256.38	998.58
怀柔区	41.10	28.80	0	1702.62	261.50	610.44
平谷区	17.30	1.20	0	1574.54	28.80	912.14
密云县	105.85	55.80	5.00	1406.33	66.69	1008.91
延庆县	46.46	33.06	0	1613.71	288.00	997.81

附表 6-8　2012 年各区县科普经费（三）　　　　　　　　　　　单位: 万元

| 地区 | 年度科普经费使用额 | | | | 其他支出 |
	科普场馆基建支出	政府拨款支出	场馆建设支出	展品、设施支出	
北京	51 802.08	16 095.83	34 223.32	15 609.11	29 603.02
中央在京	23 423.90	116.00	14 249.00	8778.30	14 267.22
市属	6809.66	2511.60	3600.17	2944.89	6430.74
区县属	21 568.52	13 468.23	16 374.15	3885.92	8905.06
东城区	4055.97	3164.80	1647.37	1993.80	1880.65
西城区	780.90	30.00	490.00	213.60	6052.93
朝阳区	2549.35	368.60	846.70	1376.55	4647.29
丰台区	10 470.50	10 363.80	10 190.98	199.94	8087.30
石景山区	409.60	136.40	22.50	36.50	7.70
海淀区	5497.77	920.40	3584.00	1827.07	6681.92
门头沟区	38.50	1.00	1.00	0.50	15.80
房山区	932.16	932.16	742.20	151.20	140.26
通州区	617.06	20.66	52.00	541.06	203.59
顺义区	8.10	0	0	8.10	39.05
昌平区	22 030.30	2.00	14 001.00	8008.00	1215.88
大兴区	2685.11	55.00	2209.47	409.64	234.50
怀柔区	813.00	15.00	316.00	497.00	17.68
平谷区	446.50	30.00	20.00	10.00	187.10
密云县	187.36	28.01	12.20	147.15	143.37
延庆县	279.90	28.00	87.90	189.00	48.00

附表 6-9 2012 年各区县科普传媒（一）

地区	科普图书		科普期刊		科普（技）音像制品		
	出版种数／种	出版总册数／册	出版种数／种	出版总册数／册	出版种数／种	光盘发行总量／张	录音、录像带发行总量／盒
北京	2864	18 882 534	81	44 517 600	1681	4 981 687	760 340
中央在京	2615	14 059 146	53	38 380 800	772	3 192 087	340
市属	249	4 823 388	19	5 320 800	882	1 769 000	760 000
区县属	0	0	9	816 000	27	20 600	0
东城区	625	2 482 584	13	13 933 200	877	1 750 200	760 000
西城区	164	4 908 588	15	5 874 800	12	8500	40
朝阳区	1134	4 070 900	23	16 891 400	430	1 651 340	0
丰台区	250	3 000 000	4	234 800	5	15 000	0
石景山区	0	0	1	20 000	0	0	0
海淀区	691	4 420 462	20	7 463 400	333	1 540 047	300
门头沟区	0	0	1	12 000	0	0	0
房山区	0	0	2	70 000	1	300	0
通州区	0	0	0	0	20	8000	0
顺义区	0	0	0	0	0	0	0
昌平区	0	0	1	6000	0	0	0
大兴区	0	0	0	0	0	0	0
怀柔区	0	0	0	0	0	0	0
平谷区	0	0	1	12 000	1	6000	0
密云县	0	0	0	0	0	0	0
延庆县	0	0	0	0	2	2300	0

附表6-10 2012年各区县科普传媒(二)

地区	科技类报纸年发行总份数/份	电视台播出科普(技)节目时间/小时	电台播出科普(技)节目时间/小时	科普网站个数/个	发放科普读物和资料/份
北京	55 710 560	10 467	11 802	237	33 912 145
中央在京	55 010 560	7730	7405	111	8 819 461
市属	700 000	1600	3120	40	5 703 020
区县属		1137	1277	86	19 389 664
东城区	20 605 300	5	2	20	5 173 951
西城区	1 610 000	54	7052	34	4 912 848
朝阳区	700 000	2023	3418	63	8 217 522
丰台区	0	500	0	8	1 068 506
石景山区	0	4	45	1	668 258
海淀区	32 795 260	7244	8	65	3 663 415
门头沟区	0	10	0	5	163 019
房山区	0	2	2	12	1 089 837
通州区	0	7	0	2	1 016 520
顺义区	0	0	0	0	691 600
昌平区	0	150	80	10	1 448 210
大兴区	0	210	12	2	1 505 160
怀柔区	0	149	454	0	1 704 860
平谷区	0	0	0	6	563 845
密云县	0	35	121	6	881 199
延庆县	0	74	608	3	1 143 395

附表 6-11　2012 年各区县科普活动（一）

地区	科普（技）讲座		科普（技）展览		科普（技）竞赛	
	举办次数／次	参加人数／人次	专题展览次数／次	参观人数／人次	举办次数／次	参加人数／人次
北京	63 047	10 429 237	5339	29 044 527	3750	60 743 257
中央在京	7356	2 536 184	635	7 480 082	339	58 430 766
市属	23 405	4 672 342	1972	17 522 261	1361	1 191 402
区县属	32 286	3 220 711	2732	4 042 184	2050	1 121 089
东城区	6989	936 995	1370	6 607 417	452	5 279 018
西城区	21 855	4 202 928	391	3 613 839	1198	54 042 822
朝阳区	11 563	1 955 718	987	8 237 826	830	768 878
丰台区	2273	336 863	132	818 435	198	50 419
石景山区	983	181 635	76	187 361	69	42 632
海淀区	3833	1 207 867	792	7 082 827	423	266 282
门头沟区	653	78 639	80	43 371	28	8634
房山区	1467	184 847	209	1 441 074	51	9756
通州区	1109	185 864	134	70 432	67	71 366
顺义区	731	154 005	332	188 975	55	15 320
昌平区	783	90 131	157	223 503	54	16 467
大兴区	1075	86 848	92	30 720	58	3740
怀柔区	1619	140 443	182	65 185	38	25 723
平谷区	936	74 104	42	15 698	18	5975
密云县	5826	394 137	168	59 209	140	62 072
延庆县	1352	218 213	195	358 655	71	74 153

附表 6-12　2012 年各区县科普活动（二）

地区	科普国际交流		成立青少年科技兴趣小组		科技夏（冬）令营	
	举办次数／次	参加人数／人次	兴趣小组数／个	参加人数／人次	举办次数／次	参加人数／人次
北京	360	53 040	3536	382 935	1279	181 761
中央在京	156	37 304	530	215 975	659	66 206
市属	91	9490	480	5890	65	3514
区县属	113	6246	2526	161 070	555	112 041
东城区	50	3804	485	17 697	86	26 084
西城区	75	3903	724	59 839	90	6958
朝阳区	70	2249	890	34 066	118	18 571
丰台区	4	30 024	113	4229	443	34 808
石景山区	1	30	195	4927	44	2760
海淀区	110	9661	617	226 708	186	16 919
门头沟区	1	30	23	1334	9	857
房山区	7	1255	58	2258	13	1945
通州区	0	0	57	1945	14	1300
顺义区	10	630	29	1165	58	6779
昌平区	15	610	48	12 225	54	14 720
大兴区	6	200	27	1487	81	30 331
怀柔区	1	200	73	6165	35	8890
平谷区	3	30	37	925	5	323
密云县	2	200	116	6003	29	7569
延庆县	5	214	44	1962	14	2947

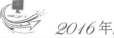

附表6-13　2012年各区县科普活动（三）

| 地区 | 科技活动周 | | 大学、科研机构向社会开放 | | 举办实用技术培训 | | 重大科普 |
	科普专题活动次数 / 次	参加人数 / 人次	开放单位个数 / 个	参观人数 / 人次	举办次数 / 次	参加人数 / 人次	活动次数 / 次
北京	3287	3 570 104	345	115 947	18 278	1 645 635	773
中央在京	208	1 821 810	199	61 743	1316	601 732	150
市属	337	568 127	72	37 761	4122	238 798	196
区县属	2742	1 180 167	74	16 443	12 840	805 105	427
东城区	611	485 839	40	2963	1323	493 853	94
西城区	372	1 889 250	38	24 456	3593	111 497	75
朝阳区	855	457 965	99	32 870	2095	316 581	244
丰台区	219	104 840	3	660	122	10 027	26
石景山区	105	39 430	4	600	171	20 475	19
海淀区	283	203 173	104	44 168	1469	76 677	110
门头沟区	114	21 316	0	0	385	21 815	12
房山区	150	42 290	50	5300	1649	67 661	26
通州区	59	62 315	0	0	1716	63 516	46
顺义区	60	33 738	0	0	310	16 723	9
昌平区	75	68 287	2	1000	449	37 062	18
大兴区	55	20 513	2	1130	696	78 862	45
怀柔区	48	10 469	0	0	715	27 345	3
平谷区	52	25 845	0	0	1087	76 176	11
密云县	145	54 012	2	800	752	96 804	20
延庆县	84	50 822	1	2000	1746	130 561	15

附录 7 2011 年全国科普统计北京地区分类数据统计表

各项统计数据包括中央在京单位、市属单位和区县单位的数据。

4 个功能区的划分：首都功能核心区包括：东城区、西城区 2 个区；城市功能拓展区包括：朝阳区、丰台区、石景山区、海淀区 4 个区；城市发展新区包括：房山区、通州区、顺义区、昌平区、大兴区 5 个区；生态涵养发展区包括：门头沟区、平谷区、怀柔区、密云县、延庆县 5 个区县。

附表 7-1　2011 年各区县科普人员（一）　　　　　　　单位：人

地区	科普专职人员	中级职称以上或大学本科以上学历人员	女性	农村科普人员	管理人员	科普创作人员
北京	6147	4193	3168	521	1330	1090
中央在京	2472	1666	1241	81	515	460
市属	1402	955	732	99	262	489
区县属	2273	1572	1195	341	553	141
东城区	417	318	279	0	81	169
西城区	676	557	351	1	161	112
朝阳区	1682	1196	848	133	386	362
丰台区	395	261	215	9	65	26
石景山区	433	342	210	0	30	0
海淀区	1385	800	683	51	314	350
门头沟区	85	54	33	7	32	5
房山区	45	33	28	0	17	8
通州区	111	72	64	30	35	0
顺义区	142	80	62	28	14	0
昌平区	124	71	63	21	29	23
大兴区	227	111	123	136	68	22
怀柔区	24	17	14	2	11	2
平谷区	85	50	36	29	14	6
密云县	124	98	62	10	30	0
延庆县	192	133	97	64	43	5

附表 7-2　2011 年各区县科普人员（二）　　　　　　　　　　单位：人

地区	科普兼职人员	中级职称以上或大学本科以上学历人员	女性	农村科普人员	年度实际投入工作量／人月	注册科普志愿者
北京	32 196	20 707	17 252	4279	48 630	6702
中央在京	6636	5917	2905	74	6327	863
市属	5741	4120	3094	171	6548	994
区县属	19 819	10 670	11 253	4034	35 755	4845
东城区	3077	1757	1289	25	3452	516
西城区	3384	2496	1841	12	4191	2363
朝阳区	7251	5861	3969	519	7393	2487
丰台区	1125	706	747	112	1638	153
石景山区	1136	640	798	0	1540	323
海淀区	4666	3701	2728	141	9330	50
门头沟区	519	302	244	162	1021	281
房山区	657	259	253	286	2600	123
通州区	826	371	457	385	1492	0
顺义区	1136	668	567	312	1891	74
昌平区	1371	677	668	420	3515	60
大兴区	2873	1202	1662	270	2791	159
怀柔区	1361	658	764	249	931	20
平谷区	792	395	319	519	2605	14
密云县	806	463	333	322	1438	16
延庆县	1216	551	613	545	2802	63

附表 7-3　2011 年各区县科普场地（一）

地区	科技馆 / 个	建筑面积 / 米²	展厅面积 / 米²	当年参观人数 / 人次
北京	19	167 299	82 638	4 145 742
中央在京	2	104 000	49 138	3 210 000
市属	8	27 331	16 280	777 742
区县属	9	35 968	17 220	158 000
东城区	0	0	0	0
西城区	2	4000	2638	15 000
朝阳区	6	123 768	61 680	3 928 942
丰台区	2	4700	1000	101 000
石景山区	1	9000	8000	12 000
海淀区	1	4800	2500	10 000
门头沟区	1	3800	700	3000
房山区	0	0	0	0
通州区	2	5670	1500	32 000
顺义区	1	800	100	3800
昌平区	0	0	0	0
大兴区	1	2763	1000	40 000
怀柔区	0	0	0	0
平谷区	0	0	0	0
密云县	1	6998	3000	0
延庆县	1	1000	520	0

附表 7-4 2011 年各区县科普场地 (二)

地区	科学技术博物馆 / 个	建筑面积 / 米²	展厅面积 / 米²	当年参观人数 / 人次	青少年科技馆站 / 个
北京	55	642 507	231 753	5 858 271	17
中央在京	19	332 882	121 706	1 520 949	3
市属	19	196 189	62 233	3 402 159	0
区县属	17	113 436	47 814	935 163	14
东城区	8	100 373	27 586	856 625	0
西城区	9	144 528	46 366	978 184	3
朝阳区	8	171 685	48 548	1 794 664	2
丰台区	4	65 278	17 354	151 700	5
石景山区	1	4200	3400	9400	1
海淀区	7	29 704	16 139	110 413	2
门头沟区	1	10 120	2400	65 000	1
房山区	3	7500	3780	153 000	0
通州区	1	11 000	5000	15 000	0
顺义区	0	0	0	0	0
昌平区	3	59 150	42 500	741 800	0
大兴区	2	15 979	4400	346 420	1
怀柔区	0	0	0	0	1
平谷区	0	0	0	0	0
密云县	2	1300	1080	8320	1
延庆县	6	21 690	13 200	627 745	0

附表 7-5　2011 年各区县科普场地（三）

地区	城市社区科普（技）专用活动室 / 个	农村科普（技）活动场地 / 个	科普宣传专用车 / 辆	科普画廊 / 个
北京	1148	1964	102	4273
中央在京	9	1	4	33
市属	37	16	8	892
区县属	1102	1947	90	3348
东城区	115	0	6	197
西城区	280	0	5	548
朝阳区	196	94	9	754
丰台区	112	39	4	318
石景山区	22	0	0	85
海淀区	150	40	2	275
门头沟区	10	85	3	88
房山区	27	77	2	65
通州区	29	199	2	129
顺义区	28	194	0	126
昌平区	57	109	30	157
大兴区	32	123	5	104
怀柔区	24	117	2	51
平谷区	18	202	23	680
密云县	9	281	9	443
延庆县	39	404	0	253

附表7-6 2011年各区县科普经费（一） 单位：万元

地区	年度科普经费筹集额	政府拨款		社会捐赠	自筹资金	其他收入
			科普专项经费			
北京	202 819.36	116 439.25	69 336.80	1898.22	69 216.97	15 264.93
中央在京	114 696.06	49 433.75	31 462.53	1788.70	50 821.77	12 651.84
市属	46 482.66	31 055.11	12 652.93	28.01	13 294.93	2104.61
区县属	41 640.64	35 950.39	25 221.34	81.51	5100.27	508.48
东城区	11 325.08	6726.76	2369.67	1030.00	3035.32	533.00
西城区	40 996.47	31 273.94	11 110.23	74.50	8382.09	1265.94
朝阳区	51 281.54	31 951.16	19 577.10	703.90	17 514.87	1111.61
丰台区	21 972.16	18 600.74	17 904.49	0	3268.32	103.10
石景山区	763.65	642.70	210.10	0	59.45	61.50
海淀区	41 822.46	19 356.64	14 061.24	57.01	10 937.02	11 471.80
门头沟区	1224.21	942.00	598.51	10.00	242.61	29.60
房山区	257.30	212.80	53.80	8.00	33.50	3.00
通州区	1076.30	745.10	288.40	0	331.20	0
顺义区	724.27	324.00	273.00	0	389.55	10.72
昌平区	25 067.43	733.51	425.11	0	23 941.62	392.30
大兴区	1825.44	1548.44	971.95	0	215.00	62.00
怀柔区	852.09	663.53	530.60	11.00	127.60	49.96
平谷区	844.83	742.48	95.00	3.81	97.54	1.00
密云县	1337.55	1099.34	328.00	0	179.61	58.60
延庆县	1448.58	876.10	539.60	0	461.68	110.80

附表 7-7　2011 年各区县科普经费（二）　　　　　　　　　　　　　　　单位：万元

地区	科技活动周经费筹集额	政府拨款	企业赞助	年度科普经费使用额	行政支出	科普活动支出
北京	1113.07	973.73	22.83	190 188.46	22 996.75	80 179.44
中央在京	185.44	115.15	7.83	108 944.96	14 148.94	44 443.19
市属	553.50	550.80	2.50	43 769.53	4621.96	23 503.96
区县属	374.13	307.78	12.50	37 473.98	4225.85	12 232.29
东城区	23.80	23.75	0.05	10 646.13	121.30	8588.33
西城区	354.26	316.00	0	37 706.51	5885.77	15 097.54
朝阳区	536.53	489.68	11.50	48 259.54	10 767.46	32 405.30
丰台区	24.94	15.94	4.00	21 749.95	279.23	1377.39
石景山区	10.06	6.36	0.50	755.52	67.05	444.57
海淀区	56.68	36.40	5.78	36 531.73	3345.20	15 543.07
门头沟区	0	0	0	1176.01	201.01	675.40
房山区	0	0	0	273.90	33.80	164.40
通州区	0	0	0	1059.30	405.10	474.20
顺义区	3.00	3.00	0	765.77	25.00	410.96
昌平区	3.60	2.60	0	25 194.16	427.56	1539.60
大兴区	16.50	16.00	0	1600.50	940.33	421.67
怀柔区	59.90	57.70	0	841.59	50.50	623.69
平谷区	15.00	3.00	0	844.83	23.23	732.50
密云县	0	0	0	1336.95	179.80	1004.05
延庆县	8.80	3.30	1.00	1446.08	244.40	676.78

附表 7-8　2011 年各区县科普经费（三）　　　　　　　　单位: 万元

地区	年度科普经费使用额				其他支出
	科普场馆基建支出	政府拨款支出	场馆建设支出	展品、设施支出	
北京	44 807.46	19 039.49	26 504.17	17 490.73	42 197.51
中央在京	22 646.90	77.60	14 178.60	8158.00	27 705.93
市属	8349.33	7570.31	5611.78	2705.97	7294.28
区县属	13 811.23	11 391.58	6713.79	6626.76	7197.31
东城区	159.00	27.00	65.00	78.00	1777.50
西城区	7880.79	7649.31	5227.81	2506.98	8842.40
朝阳区	683.46	102.33	153.53	333.20	4403.32
丰台区	11 068.70	10 928.55	5624.45	5425.60	9024.63
石景山区	236.90	1.80	0	236.90	7.00
海淀区	1193.42	160.50	472.37	416.37	16 442.74
门头沟区	226.19	40.00	138.21	47.98	73.41
房山区	11.00	5.00	6.00	5.00	64.70
通州区	166.00	10.00	126.00	30.00	14.00
顺义区	300.00	0	220.00	80.00	29.81
昌平区	22 146.00	20.00	14 089.80	8036.20	1081.00
大兴区	135.00	75.00	30.00	80.00	103.50
怀柔区	35.50	0	12.00	8.00	131.90
平谷区	13.00	0	9.00	4.00	76.10
密云县	129.50	20.00	20.00	89.50	23.60
延庆县	423.00	0	310.00	113.00	101.90

附表 7-9　2011 年各区县科普传媒（一）

地区	科普图书		科普期刊		科普（技）音像制品		
	出版种数/种	出版总册数/册	出版种数/种	出版总册数/册	出版种数/种	光盘发行总量/张	录音、录像带发行总量/盒
北京	2830	13 080 914	80	30 417 370	830	3 570 649	1220
中央在京	2591	10 981 914	50	26 096 470	811	3 431 401	1220
市属	239	2 099 000	26	4 216 400	11	55 000	0
区县属	0	0	4	104 500	8	84 248	0
东城区	195	1 312 670	11	642 070	1	1	0
西城区	210	1 901 000	16	4 087 100	14	17 000	1100
朝阳区	1285	5 001 100	29	18 758 900	467	1 734 030	120
丰台区	265	1 594 000	2	218 800	0	0	0
石景山区	0	0	1	6000	0	0	0
海淀区	871	3 227 144	15	6 530 000	339	1 682 400	0
门头沟区	0	0	2	4500	1	0	0
房山区	2	5000	1	20 000	1	55 300	0
通州区	0	0	0	0	1	30 000	0
顺义区	0	0	0	0	1	100	0
昌平区	2	40 000	3	150 000	3	51 000	0
大兴区	0	0	0	0	0	0	0
怀柔区	0	0	0	0	2	500	0
平谷区	0	0	0	0	0	0	0
密云县	0	0	0	0	0	0	0
延庆县	0	0	0	0	0	318	0

附表 7-10　2011 年各区县科普传媒（二）

地区	科技类报纸年发行总份数／份	电视台播出科普（技）节目时间／小时	电台播出科普（技）节目时间／小时	科普网站个数／个	发放科普读物和资料／份
北京	50 589 260	6684	11 996	202	38 161 904
中央在京	49 919 260	3733	7312	111	10 891 146
市属	670 000	1934	3961	45	10 154 662
区县属		1017	723	46	17 116 096
东城区	1 434 000	795	8	20	2 788 240
西城区	110 000	229	7080	27	7 299 944
朝阳区	15 870 000	2512	4136	76	10 980 294
丰台区	0	28	0	10	820 153
石景山区	0	11	47	3	911 529
海淀区	33 175 260	2466	6	40	4 721 824
门头沟区	0	68	0	5	261 292
房山区	0	1	0	3	218 400
通州区	0	6	0	6	1 271 699
顺义区	0	0	0	0	953 397
昌平区	0	140	82	4	1 788 484
大兴区	0	27	37	3	2 182 605
怀柔区	0	253	504	0	1 542 005
平谷区	0	33	0	1	451 300
密云县	0	0	0	3	542 531
延庆县	0	115	96	1	1 428 207

附表 7-11　2011 年各区县科普活动（一）

地区	科普（技）讲座		科普（技）展览		科普（技）竞赛	
	举办次数/次	参加人数/人次	专题展览次数/次	参观人数/人次	举办次数/次	参加人数/人次
北京	51 769	11 042 766	2937	22 438 513	3311	83 127 245
中央在京	13 081	5 699 694	395	3 251 747	270	80 838 497
市属	10 198	2 087 124	671	17 765 742	1402	1 343 110
区县属	28 490	3 255 948	1871	1 421 024	1639	945 638
东城区	5354	1 198 050	231	2 243 162	181	635 595
西城区	6205	1 018 085	353	9 188 520	805	77 731 802
朝阳区	18 251	1 937 674	690	4 757 267	1041	4 025 208
丰台区	1847	148 173	115	649 620	152	62 655
石景山区	629	268 614	85	128 824	106	68 523
海淀区	3754	4 287 645	411	4 672 902	527	233 360
门头沟区	1390	105 137	73	33 746	47	15 172
房山区	248	63 137	56	82 488	15	2295
通州区	1172	248 810	42	39 317	55	32 019
顺义区	2007	152 766	53	50 615	39	72 594
昌平区	1659	216 775	148	192 394	31	53 660
大兴区	972	76 721	242	93 710	44	12 433
怀柔区	1645	156 338	160	64 300	93	43 227
平谷区	445	83 878	39	16 451	35	16 028
密云县	5277	959 097	134	43 270	91	108 802
延庆县	914	121 866	105	181 927	49	13 872

附表 7-12　2011 年各区县科普活动（二）

地区	科普国际交流		成立青少年科技兴趣小组		科技夏（冬）令营	
	举办次数 / 次	参加人数 / 人次	兴趣小组数 / 个	参加人数 / 人次	举办次数 / 次	参加人数 / 人次
北京	318	35 594	2398	165 777	695	97 192
中央在京	159	14 251	182	6511	139	33 209
市属	91	18 039	59	2864	168	13 561
区县属	68	3304	2157	156 402	388	50 422
东城区	28	2242	42	1764	54	12 105
西城区	69	14 094	508	75 349	206	16 594
朝阳区	50	3072	720	29 628	87	8886
丰台区	8	245	206	22 536	55	5112
石景山区	6	200	140	6188	11	2076
海淀区	97	6810	342	11 852	88	11 356
门头沟区	2	20	17	749	39	7310
房山区	2	120	17	410	5	400
通州区	21	1880	22	1443	2	400
顺义区	4	626	30	850	54	6054
昌平区	13	5370	28	2602	46	13 807
大兴区	12	315	31	2942	3	360
怀柔区	6	600	68	2448	34	8880
平谷区	0	0	36	1364	3	612
密云县	0	0	70	3004	0	0
延庆县	0	0	121	2648	8	3240

附表7-13　2011年各区县科普活动（三）

地区	科技活动周		大学、科研机构向社会开放		举办实用技术培训		重大科普
	科普专题活动次数／次	参加人数／人次	开放单位数／个	参观人数／人次	举办次数／次	参加人数／人次	活动次数／次
北京	3871	5 894 138	262	93 899	26 169	4 037 703	551
中央在京	222	358 396	140	64 537	4657	2 489 618	143
市属	2557	5 258 935	92	25 724	3204	274 658	103
区县属	1092	276 807	30	3638	18 308	1 273 427	305
东城区	103	52 227	42	3873	443	107 754	36
西城区	506	437 514	17	1880	2991	185 038	104
朝阳区	2769	5 248 294	45	34 612	5463	2 532 772	117
丰台区	167	38 718	2	612	360	16 878	117
石景山区	47	15 264	4	600	47	4250	13
海淀区	61	28 699	80	46 024	3672	335 462	75
门头沟区	5	200	8	328	395	25 240	3
房山区	0	0	50	1500	146	13 881	1
通州区	4	5000	0	0	1889	86 912	1
顺义区	4	3060	0	0	703	55 206	13
朝阳区	59	6933	10	1000	810	44 898	25
大兴区	27	19 511	3	1470	892	125 320	11
怀柔区	1	500	0	0	739	25 369	13
平谷区	67	28 695	0	0	3699	209 186	9
密云县	51	9523	0	0	2127	131 553	9
延庆县	0	0	1	2000	1793	137 984	4

附录 8　2010 年全国科普统计北京地区分类数据统计表

　　各项统计数据包括中央在京单位、市属单位和区县单位的数据。

　　4 个功能区的划分：首都功能核心区包括：东城区、西城区 2 个区；城市功能拓展区包括：朝阳区、丰台区、石景山区、海淀区 4 个区；城市发展新区包括：房山区、通州区、顺义区、昌平区、大兴区 5 个区；生态涵养发展区包括：门头沟区、平谷区、怀柔区、密云县、延庆县 5 个区县。

附表 8-1　2010 年各区县科普人员（一）　　　　　　　　　　　　单位：人

地区	科普专职人员	中级职称以上或大学本科以上学历人员	女性	农村科普人员	管理人员	科普创作人员
北京	6762	4618	3331	646	1724	1514
中央在京	3137	2118	1485	113	754	932
市属	1446	1094	799	34	330	482
区县属	2179	1406	1047	499	640	100
东城区	524	427	285	5	119	207
西城区	761	604	406	13	161	76
朝阳区	1179	848	612	112	312	371
丰台区	156	122	83	2	61	10
石景山区	160	150	92	0	9	0
海淀区	2557	1601	1249	80	673	779
门头沟区	98	62	33	6	43	1
房山区	94	61	46	5	44	1
通州区	47	37	17	4	26	3
顺义区	173	109	85	23	6	1
昌平区	170	118	79	42	47	28
大兴区	267	129	91	124	67	25
怀柔区	41	33	21	2	16	3
平谷区	95	41	41	25	43	1
密运县	293	178	122	168	53	0
延庆县	147	98	69	35	44	8

附表 8-2　2010 年各区县科普人员（二）　　　　　　　　　　单位：人

地区	科普兼职人员	中级职称以上或大学本科以上学历人员	女性	农村科普人员	年度实际投入工作量/人月	注册科普志愿者
北京	37 817	22 193	19 450	5196	57 160	7414
中央在京	6494	5479	1733	144	5706	770
市属	8047	4612	4398	180	11 071	128
区县属	23 276	12 102	13 319	4872	40 383	6516
东城区	5540	2474	3077	78	8940	3284
西城区	3174	2406	1845	63	2921	67
朝阳区	5450	3604	3104	321	9440	2567
丰台区	1207	744	765	139	1445	28
石景山区	1245	696	880	0	1887	3
海淀区	6566	5601	2395	269	7709	624
门头沟区	419	207	190	152	1056	0
房山区	1018	402	401	477	3114	146
通州区	1462	817	863	381	2135	0
顺义区	2790	1371	1718	369	3039	0
昌平区	2140	915	1036	634	3266	70
大兴区	2536	871	1257	487	4248	260
怀柔区	1270	598	712	276	706	0
平谷区	987	519	377	688	2888	65
密云县	843	447	344	330	1750	0
延庆县	1170	521	486	532	2616	300

附表 8-3　2010 年各区县科普场地（一）

地区	科技馆／个	建筑面积／米²	展厅面积／米²	当年参观人数／人次
北京	12	153 431	63 882	1 953 838
中央在京	1	102 000	40 000	1 420 000
市属	4	18 041	9032	486 538
区县属	7	33 390	14 850	47 300
东城区	0	0	0	0
西城区	0	0	0	0
朝阳区	4	18 041	9032	486 538
丰台区	1	3700	500	2000
石景山区	1	9000	8000	10 500
海淀区	2	106 800	42 500	1 440 000
门头沟区	1	3800	700	3000
房山区	0	0	0	0
通州区	1	3170	300	2500
顺义区	0	0	0	0
昌平区	0	0	0	0
大兴区	2	8920	2850	9300
怀柔区	0	0	0	0
平谷区	0	0	0	0
密云县	0	0	0	0
延庆县	0	0	0	0

附表 8-4   2010 年各区县科普场地(二)

地区	科学技术博物馆 /个	建筑面积 / 米²	展厅面积 / 米²	当年参观人数 / 人次	青少年科技馆(站) /个
北京	53	536 841	228 763	6 392 020	17
中央在京	18	239 699	99 665	1 233 420	3
市属	22	207 133	92 360	4 526 316	2
区县属	13	90 009	36 738	632 284	12
东城区	9	84 078	30 558	877 547	3
西城区	8	89 364	51 166	2 880 353	3
朝阳区	9	178 785	50 548	1 058 316	2
丰台区	2	59 068	15 364	16 000	3
石景山区	1	4200	3400	13 028	1
海淀区	7	24 400	11 723	144 930	2
门头沟区	1	10 120	2400	45 000	0
房山区	2	4900	3824	50 000	0
通州区	0	0	0	0	0
顺义区	0	0	0	0	1
昌平区	4	56 500	41 500	717 600	1
大兴区	3	8536	6400	29 012	0
怀柔区	0	0	0	0	1
平谷区	0	0	0	0	0
密云县	2	1300	1080	11 098	0
延庆县	5	15 590	10 800	549 136	0

附表 8-5 2010 年各区县科普场地（三）

地区	城市社区科普（技）专用活动室 / 个	农村科普（技）活动场地 / 个	科普宣传专用车 / 辆	科普画廊 / 个
北京	1188	2440	148	3898
中央在京	13	26	5	124
市属	2	0	16	395
区县属	1173	2414	127	3379
东城区	119	0	10	379
西城区	71	0	6	130
朝阳区	482	321	26	767
丰台区	55	18	3	159
石景山区	37	0	2	106
海淀区	210	74	7	596
门头沟区	4	71	3	81
房山区	31	205	18	174
通州区	15	173	6	70
顺义区	21	146	1	175
昌平区	10	114	4	132
大兴区	49	162	31	98
怀柔区	20	63	3	80
平谷区	31	434	27	690
密云县	10	287	1	82
延庆县	23	372	0	179

附表8-6 2010年各区县科普经费（一）　　　　　　　　　　　单位：万元

地区	年度科普经费筹集额	政府拨款		社会捐赠	自筹资金	其他收入
			科普专项经费			
北京	204 159.94	112 054.31	71 450.68	6915.53	67 275.97	17 914.14
中央在京	123 699.99	53 302.23	34 585.01	6776	51 135.75	12 466.01
市属	49 662.84	35 145.47	20 222.96	49.23	10 828.13	3660.01
区县属	30 797.11	23 606.61	16 642.71	90.30	5312.09	1788.12
东城区	20 448.30	15 507.31	8091.36	1562.00	2681.60	697.24
西城区	38 783.88	14 993.09	3763.94	4629.23	16 673.88	2487.68
朝阳区	29 134.74	17 356.20	15 745.20	698.00	9153.54	1927.00
丰台区	7512.22	7067.17	6787.96	0.50	392.25	52.30
石景山区	869.39	683.83	214.90	0	170.47	15.10
海淀区	69 915.02	45 922.24	31 314.04	20.00	12 399.05	11 573.73
门头沟区	831.60	771.90	410.40	0	52.60	7.10
房山区	981.45	820.00	518.00	0	154.45	7.00
通州区	544.47	418.07	77.00	1.00	125.40	0
顺义区	1420.53	904.03	847.93	0	499.70	16.80
昌平区	25 757.60	1526.40	1051.10	0	23 877.70	353.50
大兴区	1986.88	1770.85	641.13	0	149.66	66.37
怀柔区	987.62	668.26	544.60	1.00	113.24	205.12
平谷区	2291.21	1988.80	343.70	3.80	287.61	11.00
密云县	1095.94	679.64	395.50	0	210.10	206.20
延庆县	1599.09	976.52	703.92	0	334.57	288.00

附表 8-7 2010 年各区县科普经费（二）   单位：万元

地区	科技活动周经费筹集额	政府拨款	企业赞助	年度科普经费使用额	行政支出	科普活动支出
北京	1333.96	1165.36	66.50	181 663.73	20 153.62	86 979.91
中央在京	176.50	119.50	33.90	110 933.74	10 994.29	51 677.39
市属	752.55	741.95	4.60	41 642.98	4924.42	22 439.45
区县属	404.91	303.91	28.00	29 087.01	4234.91	12 863.07
东城区	322.60	315.00	0	19 888.90	578.88	17 285.56
西城区	229.10	221.10	4.00	36 645.46	5301.66	23 120.92
朝阳区	454.90	371.40	46.00	19 505.06	2335.93	11 142.41
丰台区	59.75	40.15	0.60	7575.45	181.78	904.47
石景山区	14.60	8.20	0	834.98	193.08	576.72
海淀区	98.15	74.05	9.90	60 504.13	9246.93	26 585.85
门头沟区	0	0	0	787.60	176.20	592.20
房山区	11.00	6.00	5.00	1029.05	152.00	431.05
通州区	5.96	5.96	0	536.47	194.87	262.10
顺义区	0	0	0	833.08	63.67	754.22
昌平区	11.50	10.50	0	25 697.30	627.40	1714.00
大兴区	17.30	16.50	0.50	1971.29	323.46	437.48
怀柔区	55.10	53.50	0.50	1025.62	189.00	634.90
平谷区	12.50	4.00	0	2291.21	50.10	1029.51
密云县	19.00	19.00	0	1180.04	228.00	935.04
延庆县	22.50	20.00	0	1358.09	310.66	573.48

附表 8-8　2010 年各区县科普经费（三）　　　　　　　　　　　单位：万元

地区	年度科普经费使用额				
	科普场馆基建支出	政府拨款支出	场馆建设支出	展品、设施支出	其他支出
北京	48 119.98	19 737.05	30 351.26	15 913.23	26 410.23
中央在京	32 146.93	9196.30	23 294.20	8529.73	16 115.14
市属	6300.25	2407.05	3452.00	2599.75	7978.86
区县属	9672.80	8133.70	3605.06	4783.75	2316.23
东城区	804.96	751.46	355.46	348.50	1219.50
西城区	3454.20	1520.40	2456.30	853.40	4768.68
朝阳区	2540.60	66.00	1099.00	1400.60	3486.12
丰台区	6453.60	6287.70	2024.10	3246.21	35.60
石景山区	32.00	0	0	336.00	33.18
海淀区	10 603.03	9419.40	9816.00	445.33	14 068.33
门头沟区	12.30	0	3.00	9.30	6.90
房山区	100.00	50.00	40.00	10.00	346.00
通州区	16.50	0	6.00	4.50	63.00
顺义区	0	0	0	0	15.19
昌平区	22 344.60	274.00	14 239.60	8076.00	1011.30
大兴区	1161.55	996.05	67.40	1063.15	48.80
怀柔区	164.50	77.00	126.00	37.50	37.22
平谷区	21.00	0	0	21.00	1190.60
密云县	0	0	0	0	17.00
延庆县	411.14	295.04	118.40	61.74	62.81

附表 8-9　2010 年各区县科普传媒（一）

地区	科普图书		科普期刊		科普（技）音像制品		
	出版种数/种	出版总册数/册	出版种数/种	出版总册数/册	出版种数/种	光盘发行总量/张	录音、录像带发行总量/盒
北京	2044	14 456 424	84	35 267 201	560	1 087 439	5120
中央在京	1860	11 852 424	50	23 760 901	533	907 289	120
市属	184	2 604 000	32	11 486 300	16	171 000	0
区县属	0	0	2	20 000	11	9150	5000
东城区	145	2 050 024	14	3 459 098	13	8241	0
西城区	107	1 907 800	6	589 000	5	121 500	0
朝阳区	928	5 245 400	41	18 618 203	383	278 798	5120
丰台区	0	0	1	108 000	0	0	0
石景山区	0	0	0	0	0	0	0
海淀区	862	5 213 200	17	12 322 900	155	625 750	0
门头沟区	0	0	0	0	0	150	0
房山区	0	0	0	0	0	0	0
通州区	0	0	0	0	0	0	0
顺义区	0	0	0	0	0	0	0
昌平区	2	40 000	3	150 000	3	51 000	0
大兴区	0	0	0	0	0	0	0
怀柔区	0	0	0	0	0	0	0
平谷区	0	0	0	0	0	0	0
密云县	0	0	0	0	1	2000	0
延庆县	0	0	2	20 000	0	0	0

附表 8-10　2010 年各区县科普传媒（二）

地区	科技类报纸年发行总份数 / 份	电视台播出科普（技）节目时间 / 小时	电台播出科普（技）节目时间 / 小时	科普网站个数 / 个	发放科普读物和资料 / 份
北京	77 266 100	13 825	6124	185	39 825 436
中央在京	76 466 100	11 403	1937	123	10 542 799
市属	800 000	1600	3867	20	11 379 374
区县属		822	320	42	17 903 263
东城区	23 694 400	0	14	9	5 434 041
西城区	0	274	260	26	8 903 099
朝阳区	16 000 000	1813	3890	56	7 237 647
丰台区	0	500	0	6	333 990
石景山区	0	56	45	2	2 442 733
海淀区	37 571 700	10 919	1599	69	4 315 096
门头沟区	0	0	0	1	368 750
房山区	0	0	0	2	545 946
通州区	0	0	0	1	1 051 040
顺义区	0	59	125	0	882 383
昌平区	0	10	2	4	3 769 835
大兴区	0	0	0	0	1 536 188
怀柔区	0	162	180	1	668 555
平谷区	0	0	0	3	697 600
密云县	0	6	0	4	243 990
延庆县	0	26	9	1	1 394 543

附表 8-11 2010 年各区县科普活动（一）

地区	科普（技）讲座		科普（技）展览		科普（技）竞赛	
	举办次数 / 次	参加人数 / 人次	专题展览次数 / 次	参观人数 / 人次	举办次数 / 次	参加人数 / 人次
北京	45 520	6 612 590	5205	19 150 203	3347	6 930 914
中央在京	9688	1 846 034	735	5 964 016	1095	5 142 438
市属	6594	1 012 428	1594	11 210 944	710	742 808
区县属	29 238	3 754 128	2876	1 975 243	1542	1 045 668
东城区	4779	589 901	662	1 850 916	387	431 452
西城区	4074	853 135	1129	3 263 751	1386	2 726 937
朝阳区	15 895	2 005 030	765	7 433 308	306	2 826 129
丰台区	2373	157 505	155	609 642	115	60 055
石景山区	824	308 787	127	140 475	117	67 886
海淀区	3852	803 535	518	4 363 112	487	254 075
门头沟区	1531	106 205	892	91 420	33	17 566
房山区	528	90 398	100	51 291	48	78 086
通州区	1069	141 635	56	53 898	71	41 969
顺义区	1909	198 481	158	192 988	56	123 232
昌平区	1234	128 681	74	187 040	52	91 766
大兴区	1372	115 761	265	472 683	61	27 868
怀柔区	757	71 518	49	32 840	46	33 174
平谷区	591	107 634	90	27 200	55	20 224
密云县	3756	827 817	63	44 442	78	112 940
延庆县	976	106 567	102	335 197	49	17 555

附表 8-12　2010 年各区县科普活动（二）

地区	科普国际交流		成立青少年科技兴趣小组		科技夏（冬）令营	
	举办次数／次	参加人数／人次	兴趣小组数／个	参加人数／人次	举办次数／次	参加人数／人次
北京	442	57 548	3014	164 516	702	125 178
中央在京	213	18 121	644	16 494	130	51 414
市属	110	12 949	136	4711	151	14 171
区县属	119	26 478	2234	143 311	421	59 593
东城区	79	1974	515	24 013	75	15 979
西城区	51	2740	1033	26 341	146	14 286
朝阳区	66	4014	281	40 634	86	12 298
丰台区	4	514	155	4302	37	2517
石景山区	14	292	152	5094	13	1871
海淀区	162	12 624	362	24 031	147	14 113
门头沟区	0	0	9	630	17	7080
房山区	3	50	59	2520	3	6120
通州区	22	20 670	69	2448	3	330
顺义区	5	110	40	3418	58	5057
昌平区	22	13 000	46	3670	59	33 190
大兴区	8	1110	31	4463	1	1670
怀柔区	2	150	51	14 040	41	8350
平谷区	3	200	65	1625	9	320
密云县	0	0	72	4747	2	24
延庆县	1	100	74	2540	5	1973

附表 8-13　2010 年各区县科普活动（三）

地区	科技活动周		大学、科研机构向社会开放		举办实用技术培训		重大科普活动次数 / 次
	科普专题活动次数 / 次	参加人数 / 人次	开放单位数 / 个	参观人数 / 人次	举办次数 / 次	参加人数 / 人次	
北京	2986	13 501 100	196	101 947	24 700	4 215 212	642
中央在京	816	8 144 930	141	64 493	6246	2 770 088	118
市属	1259	4 806 057	30	31 335	4112	507 809	101
区县属	911	550 113	25	6119	14 342	937 315	423
东城区	166	266 322	5	1070	471	36 895	137
西城区	83	326 465	11	11 041	5121	699 445	64
朝阳区	1713	4 510 951	46	27 178	5147	2 492 278	161
丰台区	131	40 156	5	1212	76	5864	37
石景山区	39	103 984	15	3600	22	2346	31
海淀区	604	8 116 924	106	56 616	935	94 002	111
门头沟区	0	0	0	0	457	31 498	7
房山区	3	550	0	0	695	42 170	2
通州区	8	6600	0	0	1650	86 310	12
顺义区	3	200	0	0	876	95 508	18
昌平区	98	14 445	7	1150	512	47 265	4
大兴区	33	39 705	1	80	1228	116 439	21
怀柔区	0	0	0	0	366	23 791	3
平谷区	98	60 492	0	0	3543	203 712	20
密云县	4	11 606	0	0	1377	84 154	5
延庆县	3	2700	0	0	2224	153 535	9

附录 9　2009 年全国科普统计北京地区分类数据统计表

　　各项统计数据包括中央在京单位、市属单位和区县单位的数据。

　　4 个功能区的划分：首都功能核心区包括：东城区、西城区、崇文区、宣武区 4 个区；城市功能拓展区包括：朝阳区、丰台区、石景山区、海淀区 4 个区；城市发展新区包括：房山区、通州区、顺义区、昌平区、大兴区 5 个区；生态涵养发展区包括：门头沟区、平谷区、怀柔区、密云县、延庆县 5 个区县。

附表 9-1　2009 年各区县科普人员（一）　　　　　　　　　　　　单位：人

地区	科普专职人员	中级职称以上或大学本科以上学历人员	女性	农村科普人员	管理人员	科普创作人员
北京	6472	4478	3185	690	1607	1270
中央在京	2796	2014	1327	105	719	701
市属	1296	1033	696	66	202	397
区县属	2380	1431	1162	519	686	172
东城区	349	273	202	6	90	117
西城区	608	499	352	19	83	135
崇文区	216	165	111	36	45	17
宣武区	120	81	69	0	18	19
朝阳区	1244	889	597	177	312	242
丰台区	122	87	65	1	50	31
石景山区	130	96	52	0	14	0
海淀区	2232	1525	1089	32	561	574
门头沟区	101	53	36	9	42	2
房山区	110	73	52	11	41	21
通州区	46	24	20	3	21	0
顺义区	68	35	17	4	2	30
昌平区	288	174	133	84	49	50
大兴区	343	162	168	163	111	22
怀柔区	25	21	17	2	10	0
平谷区	83	40	34	23	41	4
密云县	220	174	96	86	67	0
延庆县	167	107	75	34	50	6

附表 9-2　2009 年各区县科普人员（二）　　　　　　　　　　单位：人

地区	科普兼职人员	中级职称以上或大学本科以上学历人员	女性	农村科普人员	年度实际投入工作量／人月	注册科普志愿者
北京	36 472	20 343	17 919	5599	48 580	15 429
中央在京	6436	5383	1764	75	6276	707
市属	6576	3330	3406	488	8905	1464
区县属	23 460	11 630	12 749	5036	33 399	13 258
东城区	2862	860	1770	0	5038	77
西城区	1956	1362	936	251	4745	1469
崇文区	2656	1493	1167	305	2428	0
宣武区	1006	640	601	1	1020	194
朝阳区	4407	2642	2506	211	5959	2592
丰台区	1413	873	926	166	1852	88
石景山区	1405	744	923	11	884	365
海淀区	6780	5788	2678	234	7427	198
门头沟区	487	220	214	141	848	0
房山区	1458	480	668	529	2255	166
通州区	924	425	418	311	1564	0
顺义区	2340	1110	1510	398	1593	10 000
昌平区	2223	800	1095	780	3872	0
大兴区	2729	1077	982	498	1936	217
怀柔区	919	465	424	385	1288	0
平谷区	834	440	327	558	2377	0
密云县	1012	488	402	329	1384	0
延庆县	1061	436	372	491	2110	63

附表 9-3　2009 年各区县科普场地（一）

地区	科技馆／个	建筑面积／米²	展厅面积／米²	当年参观人数／人次
北京	11	151 949	63 117	2 080 588
中央在京	1	102 000	40 000	1 420 000
市属	3	8492	7649	572 080
区县属	7	41 457	15 468	88 508
东城区	0	0	0	0
西城区	0	0	0	0
崇文区	0	0	0	0
宣武区	0	0	0	0
朝阳区	4	17 692	8917	577 088
丰台区	1	3713	700	6000
石景山区	1	9000	8000	16 000
海淀区	2	106 580	42 000	1 470 000
门头沟区	1	3794	1200	3500
房山区	0	0	0	0
通州区	1	3170	300	2000
顺义区	0	0	0	0
昌平区	0	0	0	0
大兴区	1	8000	2000	6000
怀柔区	0	0	0	0
平谷区	0	0	0	0
密云县	0	0	0	0
延庆县	0	0	0	0

附表 9-4　2009 年各区县科普场地（二）

地区	科学技术博物馆/个	建筑面积 / 米²	展厅面积 / 米²	当年参观人数/ 人次	青少年科技馆（站）/ 个
北京	49	450 080	248 856	7 247 358	13
中央在京	17	161 149	105 460	2 088 758	1
市属	17	239 221	111 240	4 526 316	1
区县属	15	49 710	32 156	632 284	11
东城区	3	5700	2700	114 573	1
西城区	7	131 556	63 956	3 272 000	1
崇文区	4	40 359	22 640	204 280	2
宣武区	3	16 226	8422	78 224	1
朝阳区	9	118 569	58 428	1 620 409	1
丰台区	1	3000	1000	50 000	1
石景山区	2	5880	4200	9867	1
海淀区	6	33 180	21 910	321 713	1
门头沟区	1	10 120	2400	48 000	0
房山区	3	5800	3750	153 000	0
通州区	0	0	0	0	0
顺义区	0	0	0	0	1
昌平区	3	52 500	40 700	848 600	0
大兴区	2	12 600	8900	33 124	1
怀柔区	0	0	0	0	1
平谷区	0	0	0	0	0
密云县	1	500	350	5000	1
延庆县	4	14 090	9500	488 568	0

附表 9-5　2009 年各区县科普场地（三）

地区	城市社区科普（技）专用活动室 / 个	农村科普 / 技活动场地 / 个	科普宣传专用车 / 辆	科普画廊 / 个
北京	903	2045	81	3065
中央在京	10	26	5	82
市属	23	5	14	418
区县属	870	2014	62	2565
东城区	31	0	4	80
西城区	53	0	4	340
崇文区	48	0	9	112
宣武区	38	0	2	39
朝阳区	153	47	8	507
丰台区	86	39	4	309
石景山区	50	0	1	142
海淀区	181	88	6	485
门头沟区	6	65	4	48
房山区	63	304	7	151
通州区	9	88	2	75
顺义区	8	164	0	168
昌平区	93	274	5	150
大兴区	26	214	9	85
怀柔区	27	18	3	58
平谷区	6	146	6	102
密云县	2	293	5	77
延庆县	23	305	2	137

附表 9-6　2009 年各区县科普经费（一）　　　　　　　　　　单位: 万元

地区	年度科普经费筹集额	政府拨款	科普专项经费	社会捐赠	自筹资金	其他收入
北京	177 933.10	94 521.07	54 736.97	2742.11	48 153.60	32 517.17
中央在京	96 893.64	36 120.45	29 521.55	2536.00	31 244.77	26 992.42
市属	52 816.85	38 560.66	15 483.66	77.00	9523.04	4656.15
区县属	28 222.61	19 839.96	9731.76	129.11	7385.79	868.60
东城区	4471.63	3287.63	1429.03	280.00	255.00	649.00
西城区	21 094.82	16 660.25	7969.00	0	2334.04	2101.03
崇文区	12 696.49	9032.70	2526.70	2270.00	1074.89	318.70
宣武区	11 671.50	10 972.00	1353.00	1.00	665.50	33.00
朝阳区	22 910.74	11 380.39	10 342.59	12.00	9076.05	2442.30
丰台区	1091.85	758.46	361.56	0	273.19	60.20
石景山区	1839.57	1749.80	325.60	0	69.07	21.00
海淀区	63 771.86	30 672.69	26 481.94	118.00	7047.73	25 933.94
门头沟区	2659.30	2563.80	247.50	0	60.25	35.00
房山区	1263.73	710.72	495.62	40.11	479.90	33.00
通州区	586.00	327.00	83.00	0	259.00	0
顺义区	848.00	366.00	215.00	16.00	430.00	36.00
昌平区	24 907.83	818.13	495.43	0	23 744.70	345.00
大兴区	2054.78	1471.50	655.00	2.00	564.28	17.00
怀柔区	1051.00	546.00	414.00	1.00	315.00	189.00
平谷区	1354.00	945.00	153.00	0	376.00	33.00
密云县	2227.00	1502.00	711.00	2.00	688.00	35.00
延庆县	1433.00	757.00	478.00	0	441.00	235.00

附表 9-7　2009 年各区县科普经费（二）　　　　　　　　　　　　单位：万元

地区	科技活动周经费筹集额			年度科普经费使用额		
		政府拨款	企业赞助		行政支出	科普活动支出
北京	1312.14	1045.54	62.90	166 742.12	25 282.87	67 643.92
中央在京	144.40	103.00	11.90	83 986.11	12 759.18	23 952.71
市属	652.54	554.54	3.00	49 347.57	8912.03	28 740.36
区县属	515.20	388.00	48.00	33 408.44	3611.67	14 950.85
东城区	11.60	8.60	2.00	2882.51	82.60	2438.91
西城区	322.00	224.00	3.00	20 537.17	7090.31	9049.53
崇文区	128.54	128.54	0	11 277.17	1590.38	6152.21
宣武区	19.00	19.00	0	11 545.50	325.00	10 175.50
朝阳区	525.50	436.40	41.00	26 823.48	1051.13	13 680.43
丰台区	38.00	22.00	0	1017.37	47.00	677.37
石景山区	12.20	2.00	0	1714.57	214.05	661.52
海淀区	84.20	57.90	9.90	52 166.16	12 736.22	17 450.19
门头沟区	0	0	0	2707.30	206.50	413.15
房山区	18.50	17.50	1.00	1203.68	130.48	655.20
通州区	10.00	10.00	0	586.00	273.00	275.00
顺义区	0	0	0	1116.00	139.00	497.00
昌平区	2.00	2.00	0	24 822.43	326.20	1448.63
大兴区	55.00	42.00	5.00	2118.78	386.00	684.28
怀柔区	50.60	49.60	0	1051.00	99.00	689.00
平谷区	14.00	6.00	0	1354.00	48.00	494.00
密云县	6.00	6.00	0	2354.00	282.00	1560.00
延庆县	15.00	14.00	1.00	1465.00	256.00	642.00

附表 9-8 2009 年各区县科普经费（三）   单位: 万元

地区	年度科普经费使用额				
	科普场馆基建支出	政府拨款支出	场馆建设支出	展品、设施支出	其他支出
北京	52 096.44	17 976.14	30 736.90	13 411.46	21 721.81
中央在京	32 729.09	9603.56	23 400.90	9134.69	14 545.14
市属	6635.58	4540.58	1111.00	856.00	5059.60
区县属	12 731.77	3832.00	6225.00	3420.77	2117.07
东城区	41.00	34.00	7.00	38.00	320.00
西城区	1532.66	1351.66	849.00	582.66	2866.04
崇文区	3524.58	3459.58	10.00	55.00	10.00
宣武区	276.00	121.00	196.00	63.00	769.00
朝阳区	8831.00	74.00	5050.00	2426.00	3261.92
丰台区	244.00	23.00	10.00	126.00	49.00
石景山区	756.00	746.00	356.00	400.00	83.00
海淀区	10 106.50	9270.90	9350.90	600.10	11 872.75
门头沟区	2078.00	2000.00	0	78.00	10.50
房山区	262.00	51.00	88.00	102.00	156.00
通州区	17.00	0	0	17.00	21.00
顺义区	350.00	30.00	250.00	70.00	130.00
昌平区	22 035.70	0	14 001.00	8008.70	1012.10
大兴区	836.00	493.00	109.00	474.00	212.50
怀柔区	208.00	0	80.00	98.00	55.00
平谷区	4.00	0	0	0	808.00
密云县	500.00	25.00	65.00	110.00	12.00
延庆县	494.00	297.00	315.00	163.00	73.00

附表 9-9　2009 年各区县科普传媒（一）

地区	科普图书		科普期刊		科普（技）音像制品		
	出版种数／种	出版总册数／册	出版种数／种	出版总册数／册	出版种数／种	光盘发行总量／张	录音、录像带发行总量／盒
北京	2018	15 469 387	56	34 300 663	599	5 362 317	1129
中央在京	1579	10 180 300	39	31 229 663	555	5 285 314	120
市属	439	5 289 087	15	2 981 000	40	76 801	1008
区县属	0	0	2	90 000	4	202	1
东城区	41	276 000	7	11 868 000	1	15 000	0
西城区	395	5 035 087	5	1 193 000	13	46 100	1000
崇文区	6	68 000	2	132 000	1	201	0
宣武区	91	695 000	0	0	20	1 500 000	0
朝阳区	898	4 969 900	21	9 781 663	440	2 236 645	129
丰台区	0	0	1	108 000	0	0	0
石景山区	0	0	2	30 000	1	2000	0
海淀区	587	4 425 400	14	11 028 000	114	1 492 171	0
门头沟区	0	0	0	0	0	0	0
房山区	0	0	0	0	0	0	0
通州区	0	0	0	0	0	0	0
顺义区	0	0	0	0	0	0	0
昌平区	0	0	3	150 000	7	68 000	0
大兴区	0	0	0	0	1	2000	0
怀柔区	0	0	0	0	0	0	0
平谷区	0	0	0	0	0	0	0
密云县	0	0	0	0	1	200	0
延庆县	0	0	1	10 000	0	0	0

附表 9-10　2009 年各区县科普传媒（二）

地区	科技类报纸年发行总份数 / 份	电视台播出科普（技）节目时间 / 小时	电台播出科普（技）节目时间 / 小时	科普网站个数 / 个	发放科普读物和资料 / 份
北京	86 865 260	16 449	4244	178	46 598 896
中央在京	85 865 260	14 297	1280	97	11 012 372
市属	1 000 000	1610	2773	34	16 078 649
区县属		542	191	47	19 507 875
东城区	16 100 000	104	1	7	13 192 681
西城区	0	347	926	18	5 922 897
崇文区	22 880 000	5	0	5	1 120 591
宣武区	0	1	0	5	1 616 645
朝阳区	1 000 000	1711	2766	45	4 842 677
丰台区	0	6	0	3	514 009
石景山区	0	15	270	0	1 476 860
海淀区	46 885 260	13 583	6	61	3 836 672
门头沟区	0	48	0	1	1 013 885
房山区	0	4	40	2	1 080 106
通州区	0	2	64	1	2 044 763
顺义区	0	70	2	0	1 676 422
昌平区	0	287	117	11	2 982 709
大兴区	0	28	36	10	2 475 723
怀柔区	0	8	7	1	957 218
平谷区	0	143	0	3	385 073
密云县	0	6	0	1	297 210
延庆县	0	81	9	4	1 162 755

附表 9-11　2009 年各区县科普活动（一）

地区	科普（技）讲座		科普（技）展览		科普（技）竞赛	
	举办次数／次	参加人数／人次	专题展览次数／次	参观人数／人次	举办次数／次	参加人数／人次
北京	53 433	6 965 334	3679	15 710 097	2891	3 667 046
中央在京	9284	2 514 542	419	6 403 116	260	2 128 764
市属	13 316	1 148 532	480	6 433 721	153	305 234
区县属	30 833	3 302 260	2780	2 873 260	2478	1 233 048
东城区	10 975	584 194	194	841 286	209	495 273
西城区	4226	717 207	208	960 064	81	132 065
崇文区	7254	891 707	470	2 744 074	91	1 539 511
宣武区	912	79 451	183	263 047	67	23 782
朝阳区	5318	1 769 636	513	2 613 952	229	746 290
丰台区	2226	151 882	266	189 322	83	37 096
石景山区	1818	130 756	198	163 336	144	81 144
海淀区	3298	885 439	587	6 198 573	475	177 999
门头沟区	1705	90 049	102	33 314	950	51 025
房山区	1273	171 213	106	111 979	47	13 215
通州区	1825	164 036	36	76 500	26	27 803
顺义区	829	212 616	167	243 639	86	126 397
昌平区	2394	254 631	195	493 762	49	61 578
大兴区	2581	193 485	94	533 273	97	76 539
怀柔区	1214	106 674	64	54 160	59	20 382
平谷区	511	110 159	110	20 114	57	13 790
密云县	3922	341 035	76	29 459	84	23 035
延庆县	1152	111 164	110	140 243	57	20 122

附表 9-12　2009 年各区县科普活动（二）

地区	科普国际交流		成立青少年科技兴趣小组		科技夏（冬）令营	
	举办次数／次	参加人数／人次	兴趣小组数／个	参加人数／人次	举办次数／次	参加人数／人次
北京	359	156 763	3311	213 365	567	174 479
中央在京	191	17 363	680	17 088	102	39 594
市属	84	119 333	155	7796	59	67 916
区县属	84	20 067	2476	188 481	406	66 969
东城区	18	258	156	12 919	21	21 280
西城区	43	12 384	837	19 687	45	5100
崇文区	12	2200	200	3231	31	4740
宣武区	6	49	132	2151	25	2948
朝阳区	43	6911	549	18 618	63	13 044
丰台区	8	603	220	9236	26	1402
石景山区	0	4	99	7733	12	1863
海淀区	190	12 597	442	21 324	210	73 355
门头沟区	1	1300	17	3233	4	530
房山区	2	200	65	1765	2	1200
通州区	1	4	17	450	5	145
顺义区	10	2130	47	2922	39	4140
昌平区	16	17 500	32	4449	49	31 310
大兴区	4	100 303	300	94 002	5	210
怀柔区	0	0	27	2206	24	11 360
平谷区	3	300	53	1595	1	20
密云县	2	20	88	4504	3	1532
延庆县	0	0	30	3340	2	300

附表 9-13　2009 年各区县科普活动（三）

地区	科技活动周		大学、科研机构向社会开放		举办实用技术培训		重大科普活动次数／次
	科普专题活动次数／次	参加人数／人次	开放单位数／个	参观人数／人次	举办次数／次	参加人数／人次	
北京	2635	9 136 135	220	182 722	52 819	3 686 555	637
中央在京	824	8 162 294	155	57 012	38 006	2 554 118	111
市属	1539	915 899	31	22 220	1233	242 364	116
区县属	272	57 942	34	103 490	13 580	890 073	410
东城区	99	25 899	0	0	64	11 838	37
西城区	132	44 917	32	1200	491	174 785	52
崇文区	31	55 000	0	0	37 409	2 428 640	47
宣武区	30	6970	6	1550	61	4439	24
朝阳区	1620	811 353	47	14 138	1081	126 559	120
丰台区	1	150	0	0	199	9443	46
石景山区	5	2514	0	1000	62	3236	50
海淀区	624	8 168 572	127	161 394	1264	124 678	111
门头沟区	0	0	0	0	275	16 653	7
房山区	5	650	0	0	1686	95 120	2
通州区	0	0	0	0	1573	86 065	13
顺义区	0	0	0	0	509	52 935	39
昌平区	75	14 200	6	1420	779	42 541	29
大兴区	9	5600	1	20	1227	133 581	21
怀柔区	0	0	1	2000	442	23 419	5
平谷区	3	160	0	0	2921	193 860	5
密云县	0	0	0	0	1117	55 607	4
延庆县	1	150	0	0	1659	103 156	25

附录 10 2008 年全国科普统计 北京地区分类数据统计表

各项统计数据包括中央在京单位、市属单位和区县单位的数据。

4 个功能区的划分：首都功能核心区包括：东城区、西城区、崇文区、宣武区 4 个区；城市功能拓展区包括：朝阳区、丰台区、石景山区、海淀区 4 个区；城市发展新区包括：房山区、通州区、顺义区、昌平区、大兴区 5 个区；生态涵养发展区包括：门头沟区、平谷区、怀柔区、密云县、延庆县 5 个区县。

附表 10-1　2008 年各区县科普人员 （一）　　　　　　　　　单位：人

地区	科普专职人员	中级职称以上或大学本科以上学历人员	女性	农村科普人员	管理人员	科普创作人员
北京	5844	3630	2893	841	1618	787
中央在京	2186	1462	1062	56	590	539
市属	906	639	560	10	190	180
区县属	2752	1529	1271	775	838	68
东城区	458	276	315	0	183	38
西城区	907	615	488	9	174	165
崇文区	141	125	78	0	27	8
宣武区	100	66	60	0	28	1
朝阳区	986	718	526	70	268	265
丰台区	205	105	116	16	35	0
石景山区	147	121	54	2	32	2
海淀区	1202	732	558	44	371	268
门头沟区	113	79	32	6	43	0
房山区	300	79	97	131	85	3
通州区	57	38	28	18	33	2
顺义区	56	31	27	2	8	0
昌平区	94	44	47	36	37	19
大兴区	570	280	265	343	99	8
怀柔区	42	25	17	16	22	2
平谷区	126	55	46	38	60	1
密云县	116	95	59	92	53	0
延庆县	224	146	80	18	60	5

附表 10-2　2008 年各区县科普人员（二）　　　　　　　　单位: 人

地区	科普兼职人员	中级职称以上或大学本科以上学历人员	女性	农村科普人员	年度实际投入工作量／人月	注册科普志愿者
北京	37 232	19 932	19 189	5641	64 023	3461
中央在京	6171	5545	2968	105	4568	625
市属	5529	3005	3160	84	10 136	102
区县属	25 532	11 382	13 061	5452	49 319	2734
东城区	4739	1517	2896	7	7773	57
西城区	4769	4071	2737	55	5926	809
崇文区	1155	738	760	0	2776	505
宣武区	1087	685	587	22	1343	210
朝阳区	4731	2823	2700	283	10 813	354
丰台区	1138	525	655	300	1893	27
石景山区	1237	550	921	0	1633	0
海淀区	4419	3176	2402	212	6204	834
门头沟区	427	157	142	151	769	0
房山区	2332	1118	893	838	5729	313
通州区	1302	809	728	505	2420	1
顺义区	2477	1156	526	425	3404	0
昌平区	1335	272	278	607	2886	30
大兴区	1478	440	1046	296	2931	173
怀柔区	1458	487	705	354	2856	134
平谷区	992	428	366	661	1505	14
密云县	1128	630	480	468	2296	0
延庆县	1028	350	367	457	866	0

附表 10-3　2008 年各区县科普场地（一）

地区	科技馆/个	建筑面积/米²	展厅面积/米²	当年参观人数/人次
北京	11	88 335	50 353	2 175 363
中央在京	1	45 000	33 000	1 730 000
市属	1	2670	400	150 000
区县属	9	40 665	16 953	295 363
东城区	0	0	0	0
西城区	1	45 000	33 000	1 730 000
崇文区	0	0	0	0
宣武区	0	0	0	0
朝阳区	3	8360	5253	148 253
丰台区	1	3713	700	5000
石景山区	1	9000	2200	20 000
海淀区	3	15 298	8200	269 610
门头沟区	1	3794	700	1700
房山区	0	0	0	0
通州区	1	3170	300	800
顺义区	0	0	0	0
昌平区	0	0	0	0
大兴区	0	0	0	0
怀柔区	0	0	0	0
平谷区	0	0	0	0
密云县	0	0	0	0
延庆县	0	0	0	0

附表 10-4　2008 年各区县科普场地 (二)

地区	科学技术博物馆	建筑面积 / 米²	展厅面积 / 米²	当年参观人数 / 人次	青少年科技馆站 / 个
北京	35	362 930	182 975	5 818 682	22
中央在京	11	66 243	32 300	237 500	
市属	12	135 857	57 877	3 043 511	1
区县属	12	160 830	92 798	2 537 671	21
东城区	3	5714	1908	238 260	4
西城区	6	128 161	61 286	3 552 963	1
崇文区	2	25 800	9200	613 000	1
宣武区	1	10 000	2400	60 000	1
朝阳区	5	63 750	18 848	315 767	3
丰台区	2	14 265	6730	54 175	4
石景山区	1	4100	2400	0	1
海淀区	6	38 107	22 929	228 613	1
门头沟区	1	5000	2400	30 000	1
房山区	2	4600	3624	145 662	0
通州区	1	5000	8950	0	1
顺义区	0	0	0	0	1
昌平区	2	44 700	35 700	550 000	0
大兴区	1	4600	4300	12 142	0
怀柔区	1	2600	500	3100	2
平谷区	0	0	0	0	0
密云县	0	0	0	0	0
延庆县	1	6533	1800	15 000	1

附表 10-5 2008 年各区县科普场地（三）

地区	城市社区科普（技）专用活动室／个	农村科普（技）活动场地／个	科普宣传专用车／辆	科普画廊／个
北京	1272	2403	197	3422
中央在京	12	23	37	70
市属	1	0	9	161
区县属	1259	2380	151	3191
东城区	146	1	2	119
西城区	111	0	4	120
崇文区	32	0	3	143
宣武区	69	0	2	78
朝阳区	296	82	17	470
丰台区	152	80	3	509
石景山区	37	0	6	131
海淀区	139	97	38	480
门头沟区	4	42	16	35
房山区	40	268	21	227
通州区	52	200	3	66
顺义区	8	79	1	20
昌平区	33	48	7	181
大兴区	112	720	8	36
怀柔区	27	36	7	72
平谷区	1	192	24	282
密云县	0	346	8	323
延庆县	13	212	27	130

附表 10-6　2008 年各区县科普经费（一）　　　　　　　　　　　　单位: 万元

地区	年度科普经费筹集额	政府拨款	科普专项经费	社会捐赠	自筹资金	其他收入
北京	1 343 404	1 107 453	808 285	15 045	138 774	82 132
中央在京	836 026	734 446	611 853	8860	41 942	50 778
市属	288 125	223 829	116 184	4200	40 388	19 708
区县属	219 253	149 178	80 248	1985	56 444	11 646
东城区	37 713	27 029	15 690	2443	7746	495
西城区	696 563	625 118	553 112	5590	25 728	40 127
崇文区	9309	6978	3667	0	1590	741
宣武区	15 498	9346	1767	3	6003	146
朝阳区	220 759	177 901	47 836	5214	36 027	1617
丰台区	21 558	8983	7222	16	11 822	737
石景山区	5639	4855	2606	0	684	100
海淀区	221 607	175 097	136 329	779	17 770	27 961
门头沟区	5120	3890	2512	40	368	822
房山区	8067	5295	4277	80	2043	649
通州区	7725	4836	1524	0	2869	20
顺义区	9958	4250	3782	300	4138	1270
昌平区	25 740	16 124	5309	60	5451	4105
大兴区	12 395	9578	7932	0	2807	10
怀柔区	5709	3369	1730	10	1210	1120
平谷区	10 057	8060	3814	490	1133	374
密云县	13 259	4498	2738	20	8138	603
延庆县	16 728	12 246	6438	0	3247	1235

附表 10-7　　2008 年各区县科普经费（二）　　　　　　　　单位：万元

地区	科技活动周经费筹集额	政府拨款	企业赞助	年度科普经费使用额	行政支出	科普活动支出
北京	27 933	10 389	2523	1 320 305	149 352	507 781
中央在京	4964	1922	2120	813 864	54 720	249 188
市属	2400	2350	0	286 827	68 293	146 792
区县属	20 569	6117	403	219 614	26 339	111 801
东城区	6	6	0	30 560	2609	24 697
西城区	5850	3683	2102	499 213	64 460	151 202
崇义区	10	5	0	10 775	121	9342
宣武区	2100	2076	0	15 166	3748	7240
朝阳区	10 430	3156	88	414 134	46 353	103 404
丰台区	57	34	0	21 300	3948	14 133
石景山区	6048	0	10	5264	122	3249
海淀区	1091	561	20	202 510	14 814	145 100
门头沟区	0	0	0	4339	875	3404
房山区	291	106	110	9528	244	5268
通州区	15	15	0	7725	2960	2130
顺义区	0	0	0	9958	184	4459
昌平区	1077	302	63	26 301	1256	6096
大兴区	617	202	110	16 846	531	4210
怀柔区	115	82	10	5374	667	3703
平谷区	201	161	10	10 057	1675	5461
密云县	25	0	0	13 755	2849	9026
延庆县	0	0	0	17 500	1936	5657

附表 10-8　2008 年各区县科普经费（三）　　　　　　　　　　　　　单位：万元

地区	年度科普经费使用额				其他支出
	科普场馆基建支出	政府拨款支出	场馆建设支出	展品、设施支出	
北京	559 904	529 884			103 268
中央在京	474 919	474 278			35 037
市属	22 087	19 887			49 655
区县属	62 898	35 719			18 576
东城区	563	552			2691
西城区	266 863	265 843			16 688
崇文区	1200	1000			112
宣武区	3861	3695			317
朝阳区	216 473	214 463			47 904
丰台区	2678	518			541
石景山区	1268	1268			625
海淀区	20 963	18 350			21 633
门头沟区	55	0			5
房山区	2808	1100			1208
通州区	2122	0			513
顺义区	1750	130			3565
昌平区	16 765	2565			2184
大兴区	11 515	11 060			590
怀柔区	920	900			84
平谷区	425	0			2496
密云县	120	100			1760
延庆县	9555	8340			352

附表 10-9   2008 年各区县科普传媒（一）

地区	科普图书		科普期刊		科普（技）音像制品		
	出版种数 /种	出版总册数 /册	出版种数 /种	出版总册数 /册	出版种数 /种	光盘发行总量 /张	录音、录像带发行总量 /盒
北京	1018	16 114 895	61	22 668 930	851	2 828 153	6200
中央在京	668	9 847 735	46	20 873 830	816	2 494 021	0
市属	328	6 143 160	8	1 664 500	17	264 302	0
区县属	22	124 000	7	130 600	18	69 830	6200
东城区	36	252 000	6	803 800	0	0	0
西城区	244	3 154 370	7	11 144 000	4	24 000	0
崇文区	8	355 000	1	78 000	0	2	0
宣武区	74	589 500	0	0	20	1 500 000	0
朝阳区	306	9 349 430	16	6 985 700	804	1 228 901	6200
丰台区	12	43 000	4	20 000	1	10 200	0
石景山区	0	0	1	19 000	0	0	0
海淀区	337	2 357 595	24	3 587 830	20	56 950	0
门头沟区	0	0	0	0	0	0	0
房山区	0	0	1	10 000	0	0	0
通州区	0	0	0	0	0	0	0
顺义区	0	0	0	0	0	100	0
昌平区	0	0	0	0	0	0	0
大兴区	1	14 000	1	20 600	1	3000	0
怀柔区	0	0	0	0	0	0	0
平谷区	0	0	0	0	0	0	0
密云县	0	0	0	0	0	0	0
延庆县	0	0	0	0	1	5000	0

附表 10-10 2008 年各区县科普传媒（二）

地区	科技类报纸年发行总份数 / 份	电视台播出科普（技）节目时间 / 小时	电台播出科普（技）节目时间 / 小时	科普网站个数 / 个	发放科普读物和资料 / 份
北京	67 691 010	21 569	9508	185	
中央在京	65 772 160	16 591	821	117	
市属	600 000	2909	8282	17	
区县属	1 318 850	2069	405	51	
东城区	0	5	0	3	
西城区	17 680 000	8305	100	31	
崇文区	0	0	0	2	
宣武区	0	4	0	1	
朝阳区	627 450	10 718	8488	54	
丰台区	136 000	9	0	4	
石景山区	0	455	506	1	
海淀区	48 066 060	141	21	59	
门头沟区	0	360	0	1	
房山区	420 000	73	133	5	
通州区	0	15	0	0	
顺义区	40 000	0	0	0	
昌平区	0	217	6	3	
大兴区	319 500	1105	0	6	
怀柔区	270 000	64	33	8	
平谷区	0	0	4	3	
密云县	0	20	180	0	
延庆县	132 000	78	37	4	

附表 10-11　2008 年各区县科普活动（一）

地区	科普（技）讲座		科普（技）展览		科普（技）竞赛	
	举办次数／次	参加人数／人次	专题展览次数／次	参观人数／人次	举办次数／次	参加人数／人次
北京	44 185	7 752 645	4123	29 137 033	3196	3 253 842
中央在京	3544	1 542 209	425	8 714 272	106	1 613 587
市属	6428	2 524 161	623	16 503 728	92	286 069
区县属	34 213	3 686 275	3075	3 919 033	2998	1 354 186
东城区	4400	1 940 000	214	1 321 961	179	336 730
西城区	4300	871 316	237	17 721 101	54	1 031 098
崇文区	1138	116 645	117	109 296	84	55 377
宣武区	1180	283 837	98	2 123 465	122	338 007
朝阳区	6763	1 578 279	750	2 591 256	361	358 410
丰台区	2822	194 322	412	860 553	514	401 390
石景山区	1205	142 092	172	213 232	137	42 031
海淀区	5407	839 399	386	2 493 436	275	125 718
门头沟区	1668	168 254	284	142 091	13	7650
房山区	1460	187 030	139	191 893	68	113 985
通州区	1398	120 739	55	24 579	70	35 717
顺义区	1243	90 450	174	144 436	657	121 327
昌平区	888	102 531	167	473 376	211	104 082
大兴区	2963	280 428	293	53 186	140	16 212
怀柔区	1446	112 375	76	113 104	62	46 894
平谷区	2043	269 873	85	149 837	62	36 394
密云县	1870	180 095	215	104 958	127	78 276
延庆县	1991	274 980	249	305 273	60	4544

附表 10-12　2008 年各区县科普活动（二）

地区	科普国际交流		成立青少年科技兴趣小组		科技夏（冬）令营	
	举办次数／次	参加人数／人次	兴趣小组数／个	参加人数／人次	举办次数／次	参加人数／人次
北京	409	120 139	3617	251 145	421	150 070
中央在京	176	7643	367	20 719	34	10 951
市属	118	105 331	84	9480	19	837
区县属	115	7165	3166	220 946	368	138 282
东城区	10	100 425	231	7075	17	1961
西城区	62	1643	465	36 109	62	15 262
崇文区	26	3776	182	3702	19	3690
宣武区	7	298	312	26 510	15	1724
朝阳区	122	4928	522	40 752	54	6431
丰台区	9	441	164	26 181	67	5593
石景山区	2	150	163	6577	9	1788
海淀区	146	6570	291	8429	51	10 863
门头沟区	0	0	13	740	1	31
房山区	6	399	368	39 431	20	15 193
通州区	3	800	146	6605	4	620
顺义区	5	206	110	5610	7	1496
昌平区	2	10	225	14 274	64	77 012
大兴区	8	478	110	11 232	15	4550
怀柔区	0	0	93	8073	11	2316
平谷区	0	0	71	1546	0	0
密云县	0	0	124	5374	1	700
延庆县	1	15	27	2925	4	840

附表10-13　2008年各区县科普活动（三）

地区	科技活动周		大学、科研机构向社会开放		举办实用技术培训		重大科普活动次数／次
	科普专题活动次数／次	参加人数／人次	开放单位数／个	参观人数／人次	举办次数／次	参加人数／人次	
北京			201	138 565			788
中央在京			169	95 611			125
市属			12	11 380			123
区县属			20	31 574			540
东城区			3	80			107
西城区			11	2700			56
崇文区			0	0			38
宣武区			1	1000			35
朝阳区			65	46 850			184
丰台区			0	0			57
石景山区			0	0			21
海淀区			115	84 331			118
门头沟区			0	0			8
房山区			0	0			27
通州区			2	600			16
顺义区			0	0			10
昌平区			3	2500			13
大兴区			0	4			33
怀柔区			1	500			15
平谷区			0	0			9
密云县			0	0			26
延庆县			0	0			15